おじいちゃんからの贈り物

―美しい湖国の自然を22世紀へ―

口分田　政博

三島池のマガモ

仲の良いペア

マガモの交尾

マガモの親子

三島池の主役マガモの群れ

三島池の水鳥たち

カイツブリの抱卵

オシドリ

バンの親子

魚を持つカワセミ

カルガモの親子

美しいオナガガモ

ふるさとの鳥たち

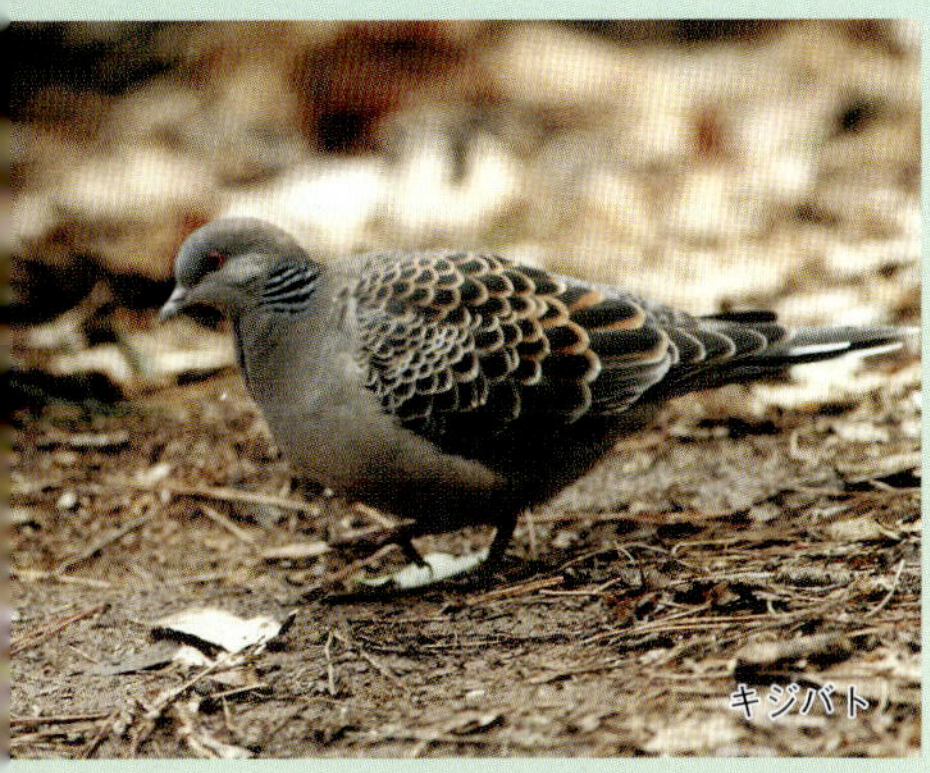
キジバト

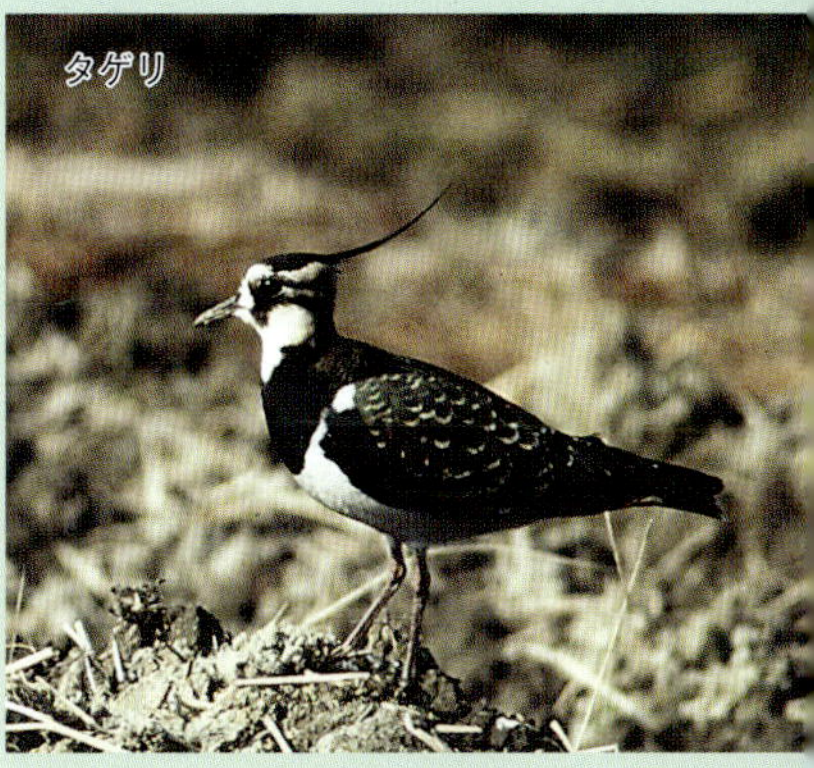
タゲリ

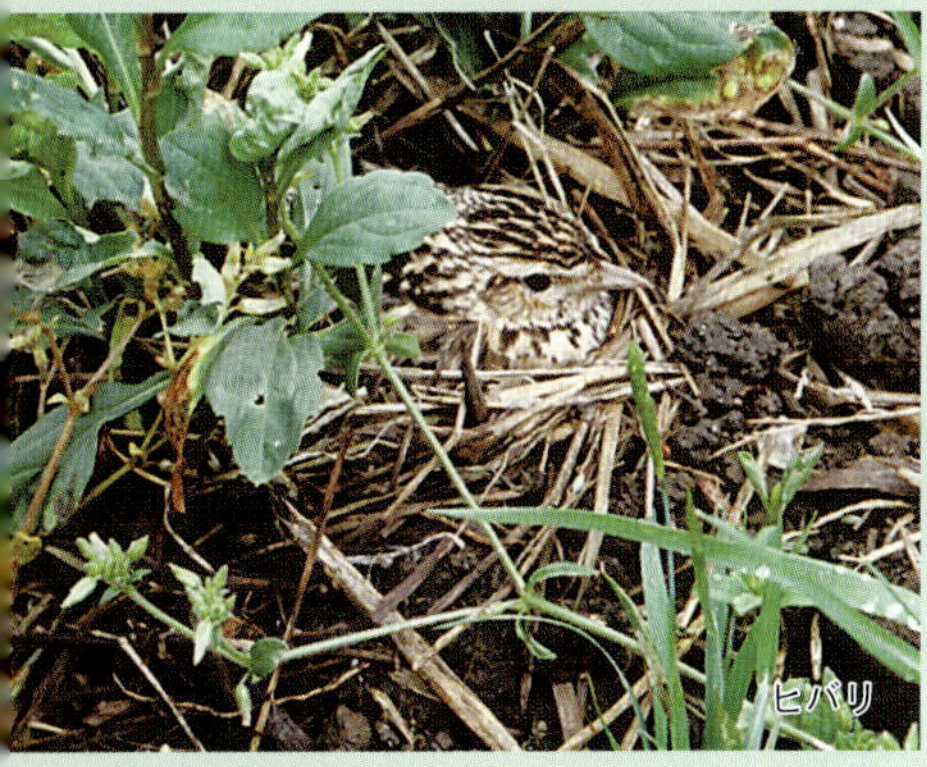
ヒバリ

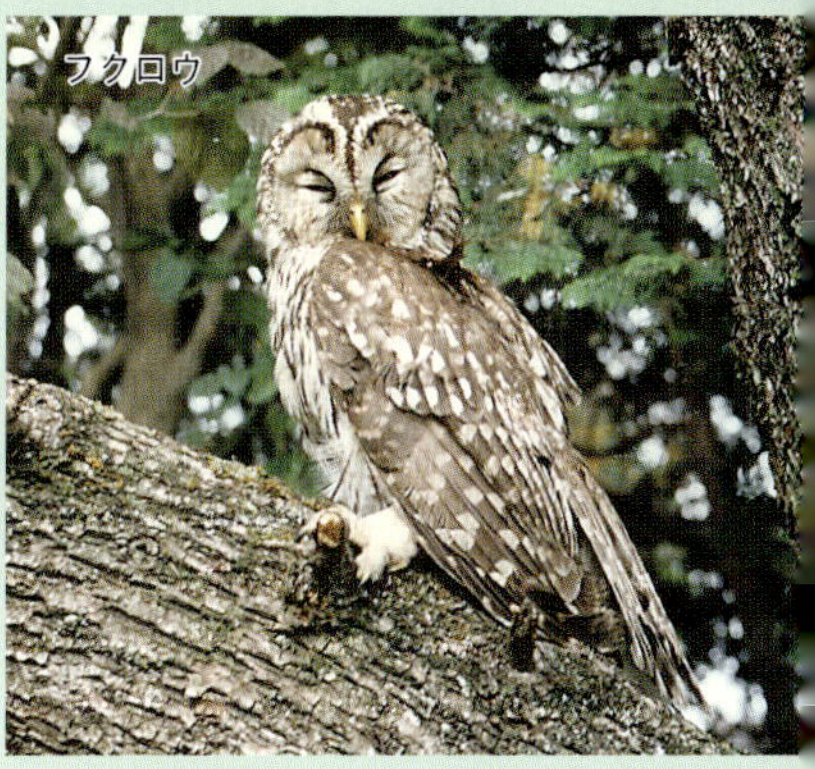
フクロウ

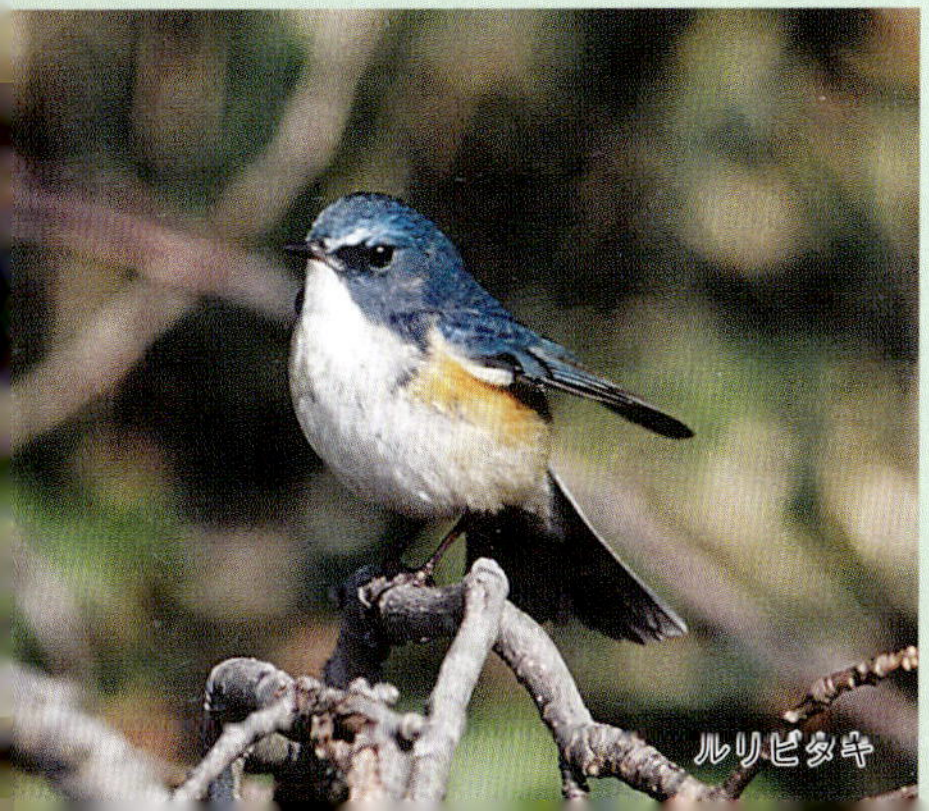
ルリビタキ

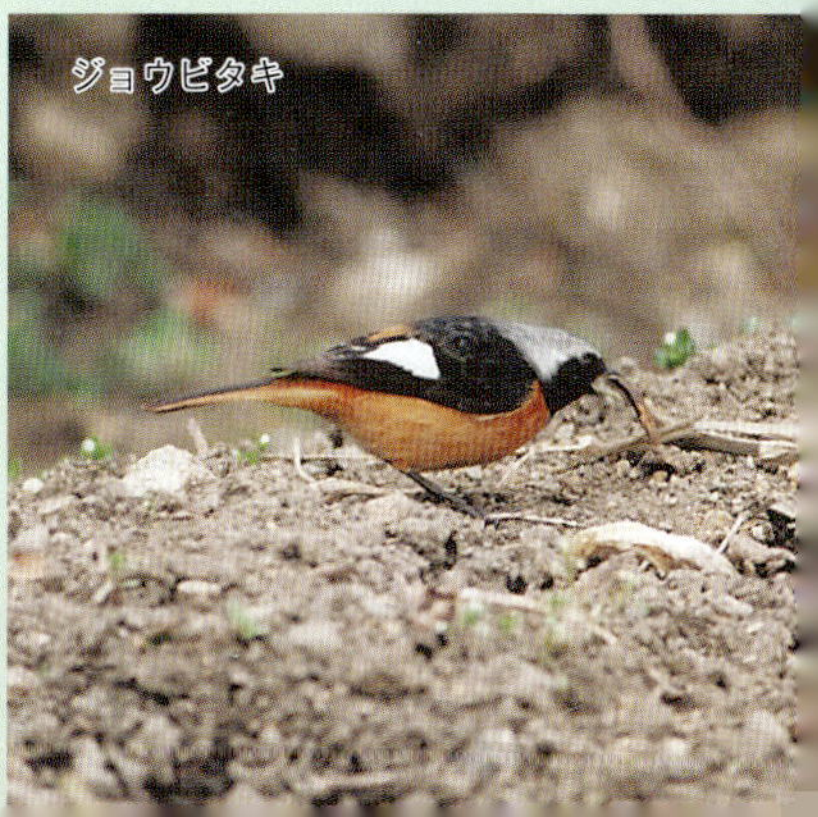
ジョウビタキ

琵琶湖の水鳥たち

竹生島のカワウ

コサギ、ダイサギ、アオサギの背くらべ

コハクチョウ

ホシハジロとオナガガモ

ゴイサギ

ヒドリカモ

山室湿原の花

（山東町）

サギソウ

カザグルマ

カキラン

トキソウ

サクラバハンノキ

サワギキョウ

琵琶湖の湿地

湖北

湖西

西の湖

湖南

ヨシ原と水溜まり

ヨシ原の内部

美しいふるさとで遊ぼう

ふるさとの鳥と遊ぼう

親子で遊ぼう

水生生物のいのちとふれあおう

イベントに参加しよう

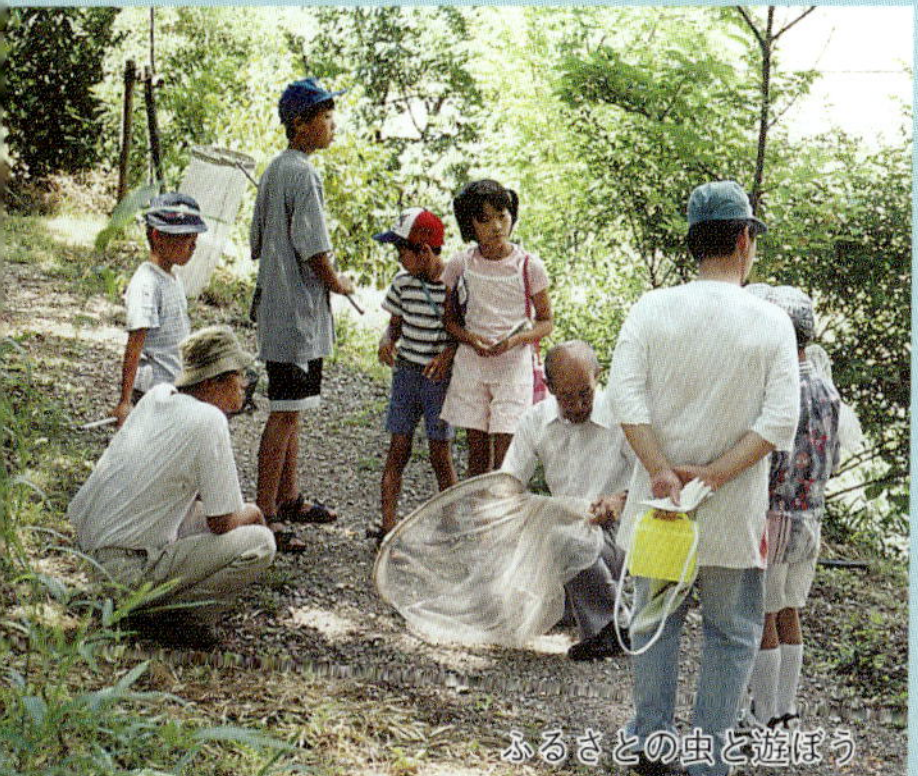

ふるさとの虫と遊ぼう

紅葉と遊ぼう

ふるさとの美しい光

ゲンジボタル

ヘイケボタル

ホタル幼虫とカワニナ

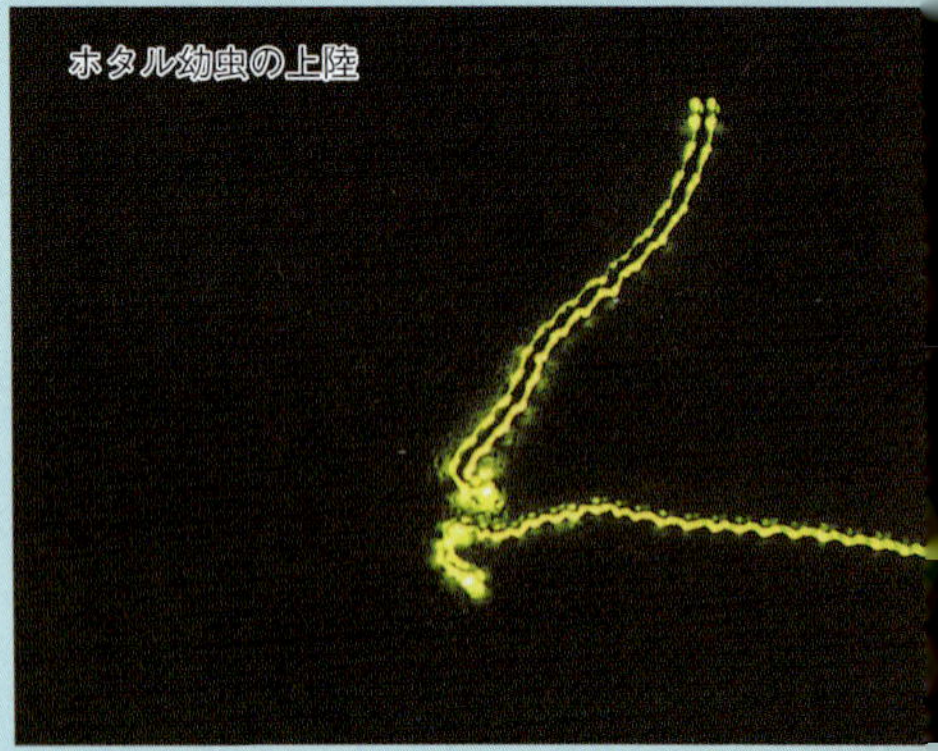
ホタル幼虫の上陸

ゲンジボタルの乱舞

ホタル幼虫とカワニナの移動（ミティゲーション）

はじめに

二十一世紀の幕開けを目前に控え、二十一世紀の課題が各方面で集約されている。私の目で見る限り最大の基本的課題は環境問題であり、人権福祉問題ではないかと見ている。しかし、長引く不況の前に政治家も経済人もまた一般国民でさえも、関心が景気回復に向けられているように思われる。かつての高度経済成長の時期のように、経済発展を優先し、その結果生じる環境問題等は一時的に蓋をされてしまうのではないかと心配している。しかし、二十世紀末に及んで、環境ホルモン、ダイオキシン、放射能事故、海洋汚染、産業廃棄物の越境移動等大きい環境問題が続発している。他方人権福祉の面でも介護問題の解決が迫られている。

二十世紀末はこれらの二重三重の重荷を背負って峠を越えなければならない。お互いにある程度の解決への希望を見出しながら世紀の分岐点に立ちたいと思う。

これらの大きい課題に対して私自身は何ができるだろうか。身の回りにある小さいことしかできないだろうと思う。「地球規模の環境問題も足元から」という言葉が頭に浮かんだ。小さい事でもよい。足元から始めよう。そのことが大きい問題を支える小さい支柱になるのだと思う。

さて、私にできることは「美しい湖国の自然を二十一世紀いや二十二世紀へ伝えること」である。そのために今まで各所に書き残した湖国の自然や環境に関するエッセイを集録しようと思った。そして長い人生でお世話になった人々や子や孫たちに贈ろうと考えた。

ここに集録した拙文は十余年前から中日新聞に執筆させていただいた「湖国随想」「土曜招待席」の大部分と、私が校長として赴任した学校で学校通信に毎月書いた「入江小学校だより」（米原町）、「大東中学校だより」（山東町）等の中からも数編選んで入れた。また一部は今回新しく書き加えた。

エッセイに関係がある野鳥についての囲み記事はこれまた中日新聞に百回余り連載させていただいた「紙上バードウォッチング　野鳥の里」の中から取り出したものである。

これらのエッセイ、野鳥の記事の中には十余年経過し、データや環境に現在とずれている部分も認められる。しかし一部を訂正すると全体がバランスを崩す恐れがあるので今回は原文をそのまま掲載することにした。

いずれの章も内容が前後し十分筋が通ってなく、しかも断片的な感じがするのであるが、それは短いエッセイの集録であるのでお許しをお願いしたい。

最後の「おじいちゃんからの贈りもの」の章は、現在最も愛する孫たちと共に、ふるさとの自然にふれあった記録である。この孫たちとのふれあいによって「美しいふるさとを大事に残したい」という思いが願いにまで高まったと言っても過言ではない。かなり私的な感情がむき出しになっていて読んでいただく皆さんに顰蹙《ひんしゅく》を買うのではないかと心配している。これまたお許しをお願いしたい。

最後になりましたが、「湖国随想」「紙上バードウォッチング　野鳥の里」の記事の転載の許可並びに発刊についてご支援をいただいた中日新聞社、野鳥の記事並びに写真を快くお貸しいただいた岡田登美男氏、遠藤公男氏に対して感謝致します。

なお、多くの乱雑な資料の中から適切なエッセイを選び出し、章分けから配列に至るまでの編集の労を自らおとりいただいたサンライズ出版の岩根順子氏、組版担当の高原文彦氏に深甚なる謝意を表する次第である。

目次

第五章　私のバードウォッチング

◆ミ二解説◆

序章

自然への気配りを考えよう

三島池が教えてくれたもの

私はあおい琵琶湖、緑の野山、そして透きとおった空気がいっぱいある湖国が大好きだ。

私は日本中をくまなく旅したわけではないので、湖国以外の自然を十分知っているとはいえない。かごの鳥のせいか、湖国を猫かわいがりしているような気もする。ときに国内や国外に旅することがあっても「湖国の方が美しいやぁ、遠い所までわざわざ来なくたって、湖国の自然の方がすばらしいやぁ」と、ひとりごとを言うのである。

わけても私のふるさと、いや生まれてこのかたまだ一度も離れたことのない湖北・伊吹山麓《いぶきさんろく》が好きだ。雪深い不便な土地柄だが、美しい水、濃い緑、それに心地よい風が通るから好きだ。それに、私を野鳥を愛する人生に誘ってくれた三島池があるからなおさらである。気分のうっとうしい日でも、池畔に立って水鳥に声をかけると若さが戻ってくる。それは若い日の思い出が、池にいっぱい詰まっているからである。じっと想《おも》いにふけっていると、小一時間くらいすぐにたってしまう。

池のみぎわに近づいて、マガモに昔話をしようとすると、水鳥が一斉に飛び立って一〇メートルほど向こうに移動する。「マガモを一番愛している私が声をかけようとしているのになぜ逃げるんだね」と苦笑する。三島池でマガモ自然繁殖南限地を確証したのは、もう四十年も前（一九五七）になる。三島池もずい分変わったものだ。

その昔、朝もやの中を牛を追いながら、牛の大きい白い息と人の小さい白い息が交互に軌跡を残し残し、うず高く積まれた水草のたい肥の間を見えかくれして通って行った。急に大きいコイがはね上がり、そばにいたカモが驚いて羽ばたきをしていた。

そのころ三島池に映っていた逆さ伊吹は、やぼったい感じであった。三島池は正直者である。伊吹山麓に煙突が立つと、逆さ伊吹にも煙突が逆立ちし、鉄塔が立つとすぐ鉄塔が逆立ちして映った。しかし、水鳥たちは邪魔にならないと見えて平気で泳いでいた。水鳥たちが行き来すると波紋が広がり、煙突も鉄塔もゆれる。

それに、小さい三島池に巨大な伊吹山がすっぽり映ってしまうから不思

三島池
（伊吹山をバックにして）

議だ。伊吹山が池に映る日は、三島池がうんと大きく感じられる。三島池はカモと伊吹山に応援してもらって有名になった。もし背景に伊吹山がなかったら、逆さ伊吹がなかったら、三島池は絵にならなかったに違いない。

青い空と白い雲が映るだけの三島池も美しいだろうが、どこかさびしい。それにカモの群れが四季を通じて見られることは、池が生きているあかしである。カモがいるからこそ、人が池と語り合えるのだと思う。三島池は母なる琵琶湖と深くつながっている。水も通じているが、何よりも水鳥たちがしょっちゅう琵琶湖へ里帰りしているからである。

私はどこへ行っても伊吹山、姉川、天野川、そして三島池のことが五感・五体から離れない。

自然は最高の教師

「自然に親しもう」「自然に学ぼう」「自然にふれあおう」「自然に……」と、生活に教育に、地域の活性化に自然を取り入れようとする動きが急速に持ち上がってきた。

青少年の非行や大人たちの非道な行為が増加していく中で、単なる人による教育や法律による規制だけでは、根本的な解決策にはならないことが分かってきたからだ。

「大自然に帰ろう、大自然こそ、永遠かつ最高の教育者だ」。高度科学技術社会が到達した最終的な結論である。

大自然は命のふるさとであり、愛を育てる親であり、すべての物事を教える師である。大自然こそ我々が学ぶ教室であり、学校の教室はそれをまとめる場所に過ぎない。純心な気持ちになって自然に溶け込み、丸ごと自然と共に歩むような生き方をすると、ほんとうの助け合い、思いやり、辛抱する心や気力が生まれてくる。友情が胸に痛いほど感じられてくる。そ

沖の白石

んな心のふれあいの中で生きてみると「生まれてきてよかったなぁ!!」「ようーし、頑張るぞ!!!」という野生の気概がよみがえってくるのだ。

「兎追いしかの山　小ぶな釣りしかの川　夢は今も巡りて　忘れ難きふるさと」

幼い日の身近な自然とのふれあいは、一生涯深い郷愁として心に残る。

タンポポやスミレの花のいとおしさ、魚やチョウの美しい命、虫や鳥たちの生きるための激しい戦いに感動することは、その始まりである。泥にまみれ、木によじ登り、花の香に酔い、山果をむさぼり食い、ふるさとの泉を五臓六腑《ごぞうろっぷ》にしみこませるなど、五感六感を通じてのふるさととのふれあいが大切である。

湖国には日本一の湖あり、目にしみる緑の山々あり、名水あり、探鳥地あり、砂浜さえもあってバラエティーに富んだすばらしいふるさとである。

「いかにいます父母　つつがなしや友がき　雨に風につけても　思い出づるふるさと」

湖北湖岸の島々
（カワウのねぐら）

水しぶきをあげて湖で遊んだ夏の一日、森から岩の割れ目からわき出る冷水でのどを潤した山登り、緑陰で握り飯をほおばったピクニック、静かにのんびりと一日を楽しんだ森林浴、探鳥会、観察会。これらは、ふるさとを思い出すよすがとなる。

父母の元を離れ、竹馬の友と別れての新しい生活。判断に苦しみ、生活に疲れ、心身の調子が狂い、生きる気力を失った時、心のふるさとに語りかけられる人は幸せである。直接ふるさとの自然に帰れる人は、もっと幸せである。きっと正しく生きる道をふるさとは教えてくれるだろう。「志を果していつの日にか帰らん　山は青きふるさと　水は清きふるさと」

精いっぱい自分の仕事をやり終えてホッとした時「ふるさとの自然に帰ってみたいなあ」とだれしも思う。ふるさとは人生の出発点であると同時に心の安住の地でもある。「自然は永遠のかつ真の教育者」といわれる根拠はこの辺にあるものと思われる。

竹生島からの眺め

その時、安住の地ふるさとに「山は青きふるさと　水は清きふるさと」は果たして残っているだろうか。他人ごとではない。どうしても残さねばならない。

「自然は最高の生涯学習の教師だから」

姉川河口付近

湖北の美しい絆

姉川の河口に立つと、遙か東の空に伊吹山が白く光る。あの頂に積もった雪が融けて山はだにしみ込み、小さい泉となり、渓流になり、姉川になるのだ。

道すがら、木々や草花を育て、魚貝・鳥獣の命をうるおし、人々の生活や文化を励ましながら琵琶湖に往き着く。

ふと浮いている紅葉に目を落としながら流れを辿ると、いつしか琵琶湖に紛れこんでしまった。姉川の清冽な水は、湖の生きものたちに愛されているに違いない。百数十キロ離れた京阪神の人々に、湖北の味と香りを届けているに違いない。じっと湖水を見つめる。

姉川には古い橋、新しい橋、鉄の橋、コンクリートの橋が三十有余架かっている。一つ一つの橋をくぐり抜ける度に新しい景色が広がり、川の旅に期待を持たせてくれる。

姉川河口付近

河口付近ではケレレンとカイツブリが甲高く鳴いていたが、大井橋辺りからはピオーピオーと哀愁に満ちたコチドリの声に変わる。キセキレイの歯切れのよいチッチンチッチンは、河口から源流まで散策のリズムを奏でてくれる。ユリカモメは七尾橋辺りでお別れである。時々ツルと紛う優雅な羽ばたきを見せてくれる白い大きなアオサギは、谷間の紅葉に映えて、影と一緒に谷を越えてゆく。

伊吹大橋を抜けると、姉川は大きく向きを変え北へ伸びる。水は一段と透き通り底冷えし、激流が岩に当たって砕ける。発電所下のダムでは、時折オシドリの夫婦が美しい碧い水に映えて睦まじい。このあたりからチチージョイジヨイと愛嬌のある声を岩間に響かせながら、真っ黒い鳥影が川面を往き交う。カワガラスの聖域に入ったのである。

上流は今、ダム建設の真っ最中だ。真新しい道、橋、トンネル。まだペンキやコンクリートの人工臭が漂っている。川に棲んでいた小さな虫たちは、無事に泉や渓流に逃げ込んだだろうか。ちゃっかり者の虫たちの中には棲家を下流

姉川中流付近
に移したものもいるようだ。

「今しばらく辛抱するんだよ」

　奥伊吹、新穂山の傾斜地に入ると川が分かれて、どれが姉川なのか分からなくなってしまう。

　ある人は「水が流れて川。魚が棲んで川」と言った。私は姉川の橋を一つ一つくぐる度に、「鳥が鳴いて川。虫が育って川。水草が茂って川。河原があって川。紅葉がただよって川。青い空が映って川。子どもが楽しく遊んで川。……」と、川の定義が無限に続くのを楽しく思った。

　帰り道、伊吹山に登って湖北を鳥瞰《かん》したら、姉川が網の目のように広がり、湖北の人の心を一つに結びつけている絆になっていることを見つけた。

伊吹町伊吹
大きく北へ曲がる

上板並付近

甲津原付近

伝えたい自然への気配り

家の南側に三アールばかりの畑がある。ここが自然と私が手をつなぎ、心を通わせる場所である。農薬と化学肥料をできるだけ使用しないで野菜を育てている。いつかレタスを町のアパートで生活している息子たちに土産に持っていったら青虫が付いていた。皆驚き恐れて箸《はし》をつけようとしなかった。私は青虫が付いている野菜こそ本当の自然物だとこんこんと話した。絵本にもちゃんと虫がついている野菜が描いてあった。それからはキャベツを持って行くと孫たちは青虫を探したり、育てたりするようになった。

二十一世紀に活動する子どもたちにぜひ伝え聞かせたいことが二つある。その一つは戦争体験や原爆の恐怖である。私も広島近くの江田島で原爆の光と爆風を身に感じたし、半月ほどたって爆心地近くの廃墟の町を歩いて復員した。戦火、戦災、従軍、原爆の体験談を語れる人がだんだん少なくなっていく。しかし戦争の記録は記念館や書物にかなり保存された。

もう一つぜひ語り伝えたいことは三、四十年前までの、人間の自然への気くばりである。水、緑、土、空気、植物や動物たちへの思いやりである。

現代の人々は自然を楽しむために利用しすぎ、自然とのふれあいは楽しむことだと思い違いをしている。楽しむことも大切だが、その前提にある自然への気くばりを忘れているのである。

数十年前まで、田や畑の肥しは山や堤防の草、内湖や沼の水草であった。風呂《ふろ》水、洗濯水それに行水の水まで決して川には捨てなかった。毎朝聖なる川で洗面し野菜をすすいだ。小川や池の魚や貝は貴重な蛋白源であった。川のそばで小便でもしようものなら親にこっぴどく叱られたし、親はすぐさま塩を持って川の神様に息子の無調法を謝りに走った。

山にはマツタケがよく出て、背負い籠《かご》にいっぱいくらいはすぐ採れた。山のマツカサ、枯木、木の葉は大切な熱源で、止むに止まれぬ時以外は山の木は切らなかった。そのため山の幸も多く採れたし、谷あいには美しい水が湧き出ていた。

現代人の中で将来の歴史に名が残る人は、自然を残した人だと思う。現代では開発よりも自然を残すことの方が遙かに勇気と努力が必要だからである。それは自然を残すことには目前の利益がないからである。自然を残せば将来、命にかかわる大きな効果が期待されることは誰でも分かっているのだが。

それに現代人は人間の科学技術を過信している。公害などで人命の危機が襲来しても科学技術が克服してくれるものと思っている。人間が人命の危機に対応しきれる限界は人間が生きられる自然が確保される限界と同じである。すでに地球上の一部では科学技術では対応しきれない部分ができ、その部分を放棄しなくてはならない場所さえ出てきている。私たち年配者は、昔の人の自然への気くばりをもっと語り、もっと書き残さなければならない。若い人たちは昔の人々のこの気くばりに感動してはじめて、新しい環境行動や環境倫理が心に芽生えてくるものと思われる。自然への気配りこそ二十一世紀に残さなければならないものであり、それを伝えていくことが年配者の責任の一つである。

こんな思いを込めて、私は自然との関わりをライフワークとして続けてきた。野鳥観察を中心とした足跡をまとめることで、次の世代へのプレゼントになると信じている。

第一章

愛鳥活動からの出発

最初にみつけたマガモの卵
（1956）

芽生えた野鳥保護の心

　戦後間もないころから昭和三十年（一九五五）にかけて、伊吹山（一、三七七メートル）を頂点とする湖北斜面の陸水生物の調査を山東町立大東中学校の生徒たちと進めていた。工場排水の水生生物への影響箇所を調べたが、そのまま発表できず、それが自然保護活動へとは結び付かなかった。当時は衣食住ともに飢饉《ききん》の時代で、産業復興が最優先で、汚水のたれ流しをうんぬんする環境ではなかったからである。

　戦後十年がたって、ようやく人々は生きていける目鼻が付き、明るい希望を持ち始めた。この昭和三十年、私は三島池（周囲約一キロメートル）の詳細調査に生徒たちと取り組み始めた。

　禁猟区の古びた大きな表示板も戦中戦後は案山子《かかし》的存在であった。八百年このかた神池として保護されてきた池の

禁猟区の立札（1955）

川村多実二氏（1957）

水鳥、魚たちは食糧不足のため人々の犠牲になっていた。周囲の桜の木さえ、軍需用に切り出され、池は丸裸になっていた。

その夏、私は三島池で三羽のマガモが越夏しているのに気が付いた。「冬鳥のマガモがシベリアへ帰らないで残っている」野鳥についてまだ全く無知であった私でさえ胸の高鳴りを覚えた。

幸いなことに野鳥の権威である川村多実二先生（故人）が京都大学を退官されて、その頃に創設された滋賀県立短期大学の学長として彦根市に在住されていた。すぐさま先生を訪ねてこのことを報告すると、先生から、「どうも三島池でマガモが繁殖しているようだが、まだだれも確認していない。ぜひ君が確認してマガモ自然繁殖南限地の確定をしてくれないか。大きな発見だよ」と激励された。

早速マガモ研究班をつくって、付近の人々の聞き込みに入った。「子ガモを連れたマガモを見た」「犬が子ガモをくわえていた」「繁殖場所はあっちの山すそだ。あそこのヨシ原だ。

人工浮巣（1957）

池だ。湿地だ。草原だ……」

一年間探し回って、翌年五月、ようやく抱卵中のマガモを三島池の草むらの中に探し当てた。ラジオ（当時テレビはない）、新聞がそのことを全国に報じた。

「さあ大変。このマガモの巣をどう守るべきか」。今振り返ると、これが私の野鳥保護活動の出発点であったのだ。

池の草刈り中止、池の貯水開始期日の延期を池下区長にまず頼みに行った。夜の見張りをするため藁《わら》小屋を作った。生徒たちも勉強そっちのけで昼夜監視に熱中した。

しかし、この年は一夜の大雨で池の水位が急上昇し、ふ化寸前の卵は水没してしまった。卵の中から真っ黒な羽毛に覆われた雛《ひな》の死体が次々と出てきたときには、皆、泣いてしまった。翌年はこの轍《てつ》を踏まないため、バイクのチューブで人工浮巣を考案し、巣ごと浮巣に移転させ、見事、自然繁殖に成功した。

その後、禁猟区の拡張、高水位でも水没しない人工島

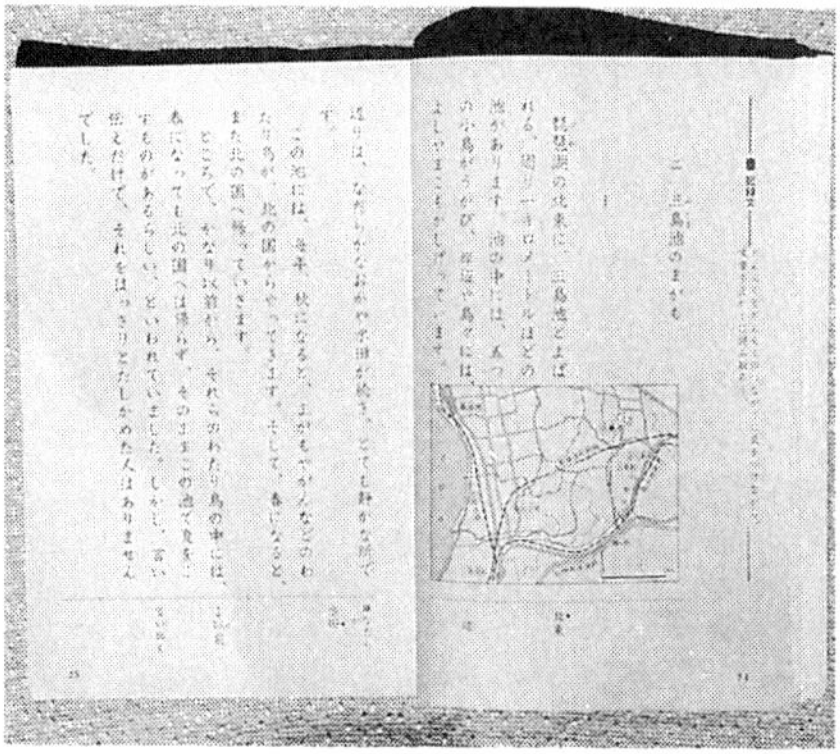

小学校４年生国語教科書「三島池のまがも」（教育出版）

の造成、天然記念物指定へと保護活動を進めた。しかし、当時肥料として重要であった草刈りの中止、貯水開始期日の延期や水位の調節の変更はなかなか合意されなかった。また、天然記念物指定に伴う現状変更規制への反対、特別鳥獣保護地区の拡大による有害鳥獣の増加などの問題が起こり、地区の人々や行政とのトラブルも絶えなかった。

　昭和四十年代に入ると経済成長が急激に進み、豊かな生活への入り口にさしかかった。何よりもバードウィークが創設（昭和二十五年）され、昭和四十年（一九六五）ごろから全国的な行事が持たれるようになった。私たちの愛鳥活動は当時としては数少ない明るい活動として、新聞、雑誌、テレビで紹介された。

　地域の人々も地域の誇りとして関心を高め、野鳥保護の心が定着していった。それとともに私たちの活動が小学校四年生の教科書に掲載されたことなどもあって責任も重くなっていった。

マガモ

「真鴨」という名が表す通り、カモ類の代表的存在である。姿、形、数の上で代表であると同時に、味もまた代表という運命を背負っている。

県鳥を決める時、県は広く県民に候補になる野鳥の投票を呼び掛けた。私はその時、山東町の大東中学校に勤め、三島池のマガモを研究していたので、各戸にマガモへの投票を依頼したが、結局カイツブリに負けてしまった。開票結果を伝えたある新聞は、一部の地域でマガモへの投票が集中したと報じたが、マガモを見るたびに、このことを懐かしく思い出す。

マガモの雄は“青首”とも呼ばれ、頭と首とが光沢のある緑色をしている。そして首と胸との境目に真っ白な首輪が一筋ある。胸はブドウ色、背は灰色、くちばしの黄緑色も特徴の一つである。

雌は茶褐色であるが、くちばしの色がやや黒く、周辺がだいだい色なので他のカモの雌と区別がつく。また雄、雌、とても仲がよいので、大抵はつがいになっている。

10月半ばに県内に渡ってくる冬鳥で、昼間は池沼や湖などで浮き寝をしているが、夕方から翌朝にかけて水田や浅い湖辺、池沼で穀物や水草を食べる。人にもなつきやすく、餌台にもよく集まる。3、4月にかけて帰北するが、繁殖期が近づくと食性が変わり、穀物などをあまり食べなくなる。

日本では少数が高山湖で越夏、繁殖している。どうして北へ帰らず、三島池で繁殖するのか。傷ついて帰れないカモ（傷病鳥説）、北へ帰るのを忘れたカモ（ボケガモ説）などあるが、そんなカモでは産卵する力はない。長い間“神池”としての鳥獣保護、それに水が清く冷たいことが、カモたちの楽園になった理由だろう。

10月下旬から3月にかけて、池でマガモの大群を見ることができる。琵琶湖にもマガモは多いが、こんな近くでゆっくり見られるのは三島池以外にはない。

マガモ

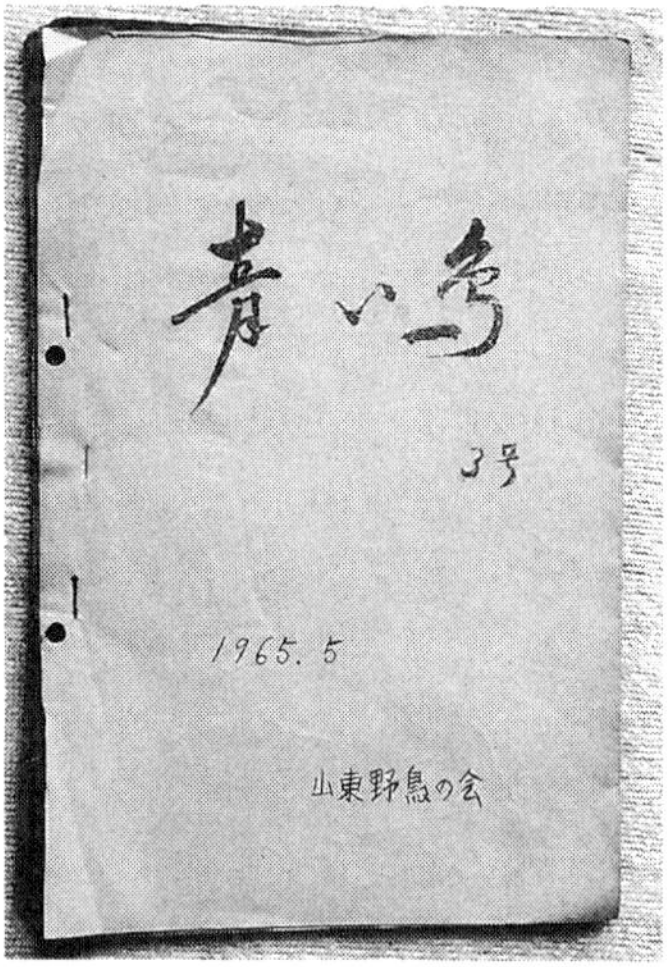

会誌「青い鳥」

全県的な保護活動へ

昭和三十二年（一九五七）、マガモ自然繁殖南限地の発見後、大東中学校科学クラブは観察記録や愛鳥活動によって、文部・農水両大臣賞をはじめ各方面から多くの賞を受けた。

私はこの盛り上がりを長く続けさせるため、科学クラブＯＢに呼びかけて「山東町野鳥の会」の旗揚げを行った。そして毎年バードウィークに私の家で総会を開き、会誌「青い鳥」を発刊した。

その総会のにぎわいを大阪のテレビ局が「友愛のうた」というタイトルで三十分番組で放映したことがあった。また、ＮＨＫが昭和四十二年（一九六七）十二月、「あすは君たちのもの」シリーズに取り上げ、十人のクラブ員をＮＨＫ東京に招待し、東京のスタジオから三十分、全国放映の機会を与えていただいた。そのとき詩

カモクラブの一員となって唄う

サトウハチロー

鳥が来た
池に来た
渡り鳥が来た
冬といっしょに鳥が来た

ヒシクイが来た
マガモが来た
コガモが来た
なじみの姿でとんで来た

　顔がほてる
うれしくなってくる
声がはずむ
鳥の話しでもちきりになる。

鳥をみる
望遠鏡でみる
毎朝みる
キチンとみる

目玉にしみこむ
鳥の形がしみこむ
動きがしみこむ
羽の色がしみこむ

メモをする
忘れずにする
ノートにうつす
ペンがよくすべる

エサをやる
ひぐれにやる
池の汀(みぎわ)の箱に入れる
おたべよ　おたべよ
　とつぶやいて入れる

寒い夜は祈る
氷よはるなと祈る
はってもすぐにとけろと祈る
太陽よ　顔を出してくれと祈る

池の水にたのむ
鳥にやさしくしてくれとたのむ
ゆれてるヨシに呼びかける
子守唄を唄ってやって
　くれと呼びかける

鳥がいる
池にいる
渡り鳥がいる
冬空の下でゆったりと浮いている

ほっとして山をみる
伊吹山をみる
山の雪がうなずく
きらりと光って　光ってうなずく

観察藁小屋

会誌「カイツブリ」1〜25号（1998）

人サトウハチロー氏の「かもクラブの一員となって唄う」というすばらしい詩が画面に添えられ、人知れず感涙にむせんだ。

昭和四十四年（一九六九）八月、山東町野鳥の会を発展的に解消し、県内の同好の友に呼びかけて、「滋賀県野鳥の会」を結成した。「鳥を撃つ人が増えるのに鳥を守ってやる人がいないのはどうしてか」という巷《ちまた》の声に応えての発足であった。

会長には比叡山延暦寺の執行・叡南祖賢《えなみそけん》師に依頼した。比叡山は古くから「比叡山鳥類繁殖地」として国指定の天然記念物に指定されていたからである。その会長が会誌「かいつぶり」の創刊号の巻頭言「自然にかえって考えよう」の一節に「……比叡山のことを申してみましても、野鳥の楽園が狭められたことは事実で、お山を守る私としても申し訳ないことと思っています。……」と、述べておられることでも分かるように、急激な経済発展が山や湖、聖域までも野鳥のすみにくい環境に変えていった時代であった。

昭和四十五年（一九七〇）、「琵琶湖全域鳥獣保護区の設定

について」という請願書を当時の野崎知事あてに提出した。「滋賀県野鳥の会」初めての野鳥保護運動であった。全国が公害に悩み始め、琵琶湖の水質汚濁が県民の話題になり始めた時であった。

時宜を得た請願でもあったので採択され、翌昭和四十六年、琵琶湖全域が鳥獣保護区に決定した。昭和四十四年から始まった琵琶湖水鳥一斉調査の合計羽数を見ると、四十四年が三九一一羽、四十五年が五三八三羽、そして琵琶湖全域が鳥獣保護区となった冬は実に三万八五二四羽と、予想をはるかに越える数の水鳥で琵琶湖はにぎわった。

初代会長　叡南祖賢氏

第2代会長　中井一郎氏

広がる探鳥会

探鳥会　佐和山（彦根）

野鳥の会の主たる活動は探鳥会の開催である。昭和四十四年（一九六九）十一月十六日、滋賀県野鳥の会発祥の地、山東町三島池で第一回探鳥会を開催した。参加者三二人はまずまずのスタートだったが、確認鳥は十三種で今思うと大変少なかった。これはリーダーが初経験で、野鳥を識別する力が不十分であったためだと思っている。

しかし、その後、会員の岡田登美男さんの指導で、探鳥会ごとに一種、二種と会員もレパートリーを増やしていき、現在は他県に負けない識別能力を持った会員が育っている。現在、月一回の定例探鳥会を開催し、多くの人が参加している。

会誌「かいつぶり」も中井一郎二代目会長が病床に伏された二一、三年は休刊となったが、平成十一年は二六号の発刊の準備をしている。なお、中井会長の亡き後、昭和五十九年（一九八四）三月より私が会長の責を負うことになり現在に至っている。

探鳥会　賤ヶ岳（木之本町）

探鳥会はただ愛鳥という絆《きずな》で強く結ばれた者の集まりで、何の気遣いもなく自由に話したり行動できるから楽しい。特に野外で珍鳥に出合ったときの感動は忘れられない。
例年、探鳥会は鳥の多い場所を選ぶので、十カ所のうち七、八カ所は定例の場所となっているが、二、三カ所は少し不便でも新しい場所を選ぶようにしている。新しい場所での探鳥会は参加者も多く、見慣れない鳥に出合う機会も多いので、探検気分で楽しい。
特に印象に残っている探鳥会の様子を紹介しよう。

初見の珍鳥ミツユビカモメ

昭和六十年（一九八五）一月三日、定例の湖北初探鳥会は、天野川から琵琶湖をへて干拓へとを回るコースである。朝八時に目が醒めた。雪がしきりに降っている。朝飯も食べずに学校（米原町立入江小学校）へ急いだ。思案々々の末、大事をとって、「今日は雪が降っているので探鳥会は中止するよ」と、入江小学校のびわ湖クラブの各家庭へ電話した。その足で今回の集合地米原駅

探鳥会　三島池（山東町）

西口へすっとんだ。この雪の中、八人の会員がすでに集まっているではないか。決定をくつがえして探鳥会を決行。天野川、琵琶湖は野鳥や水鳥でいっぱいであった。

ちょうど腹がすいたころ入江小学校（当時）前に着いたので、ここで得意のカモメ集めをやった。パンをちぎって湖へ思い切り投げる。静かな湖面に白いパンが花びらのようにただよう。北から南から、ユリカモメが一直線に流れるように殺到し、バス停前で大きな左まわりのうずになり二百羽が天に舞う。二、三回まわると、パンくずをすくい上げるように順々に拾って、また、うずの流れに乗る。羽風が私の顔に暖かく感じられる。キチキチキチと湖岸が急ににぎやかになる。

「ミツユビカモメがいるぞ！　わぁ！」と、京都の鴨川でユリカモメを調べている須川さんが感激して絶句してしまった。くちばし黄色、脚まっ黒、指三本、琵琶湖では昭和五十六年（一九八一）沖島で一回発見されたきりの珍鳥である。パンを投げている私の足元三メートルのところで盛んにパンを拾う。くちばし、脚共に赤いユリカモメをつついて追っぱらいながら。みんな目前の珍鳥のショーに酔っているのか黙っている。

ミツユビカモメ

三指鴎《かもめ》は名前の通りのカモメである。普通の野鳥は前向きの指が３本、後ろ向きの指が１本の計４本だが、このカモメは前向きの三本だけである。

ミツユビカモメの特徴はくちばしが黄色で足がユリカモメより短く、黒いことである。ユリカモメは両方とも赤いのでよく見るとすぐわかる。冬羽は、目の後ろに三日月状の黒褐色の斑がある。翼の先端だけが三角形に黒い。

このカモメは外洋性の水鳥で、普通は沖合で生活している。海岸や湖岸にはあまりやってこない。しかし海や湖が荒れたりすると岸にやってくるようである。沖合では波の高低につれて自分も高く低く、波と同形の弧《こ》を描きながら飛ぶ。琵琶湖でこのカモメに出会うことは割合少ないが、時折見かける。琵琶湖では珍鳥の部類に入る。日本でも北に多く、南に行くにつれて少ない。

北海道では夏に少数残るようだ。繁殖はカムチャツカ、シベリア、アラスカ方面。日本には11月ごろ飛来する冬鳥である。

主として魚を食べ、鳴き声はあまり聞かない。ユリカモメに交じって１、２羽見られることがあるので、ユリカモメの群を注意して見てみよう。

ミツユビカモメ

「誰かカメラを持っていないか」高橋さんが叫んだ。雪が降っていたので誰一人カメラを持っていなかった。千載一偶のシャッターチャンスをみんな逃がした。この日に出合った野鳥五十二種。行先よい初探鳥会であった。

翌日同じ場所にミツユビカモメが現れた。何回もシャッターを切ったがぼやけた写真しかとれなかった。

イソヒヨドリを堪能

平成八年（一九九六）三月二十四日、米原駅午前九時二十二分着上り電車。バードウォッチャーがどんどん下車してくる。「これはおかしいぞ」と思ったら京都野鳥の会も天野川探鳥コースを探鳥するという。全部で六、七十人。

朝の滋賀県野鳥の会のミーティングで「今日は美しいイソヒヨドリに合えますよ」と私は力を入れて説明した。それから天野川を河口に向かってゆっくり探鳥し、舟溜り《ふなだまり》で京都の人と昼食を共にし、出発は先にした。それは、ここより約一キロメートル南の旧朝妻筑摩港の石積み突堤にイソヒヨドリがいるからである。京都の人が先に行って逃してしまう恐れがあるからだ。しかし、行ってみるとイソヒヨドリはいなかった。皆にうそをついたようで小さくなって歩いた。

ところが、旧入江小学校前の湖岸休憩広場まで来たとき、だれかが「イソヒヨドリ！」と叫んだ。三〇メートル先の防波堤の出っぱりに、背がるり色、腹が赤いイソヒヨドリが鎮座ましますではないか。

イソヒヨドリは日本海岸ではよく見られる鳥だが琵琶湖岸では珍鳥に入る。目立ちたがり屋で、よく目立つ所に平然と止まって動かない鳥である。肉眼で見たり望遠鏡で確かめたり、たっぷりとイソヒヨドリを堪能した。後続の京都の集団が来るころには飛び立ってしまっていた。

探鳥会は参加者十九人、確認した野鳥五十四種、イソヒヨドリの大サービス、それにオオソリハシシギが目前でファッションショーを見せてくれるなど、よい探鳥会であった。

探鳥会は毎月一回、小中高校生、若いカップル、熟年の夫婦、初心者、ベテランのさまざまな人が参加してくれている。過去二十回の平均をしてみると男性五十四％、女性四十六％、参加者数平均二十一人、最多六十一人、最小八人。確認した鳥の種類数は平均三十二種、最多五十五種、最少十七種。探鳥地は比良、比叡、霊仙など山が十一回、余呉、西の湖を含む湖岸が六回、「みずすまし」乗船による湖上が一回、平地は二回となっている。

イソヒヨドリ

越前加賀海岸国定公園の東尋坊は海食風景の見事な海岸である。なかでも海面上に25mの大岩壁は実に壮観で、上から見下ろすと身の毛もよだつ恐ろしさを感じる。私は東尋坊へ行くといつもイソヒヨドリを探す。時には探さなくても観光みやげ店の中にまでイソヒヨドリのツツ、ピーコ、ピィーと甲高い声で窓際を通過することもある。この声が聞かれないときは海岸に沿って、大岩の上を探して歩くと、きっとあの垂直に近い姿勢で立っているイソヒヨドリを見つけることができる。

イソヒヨドリはヒタキ科ツグミ亜科の鳥で、ヒヨドリ科ではないのだがヒヨドリという名がついている。安土桃山時代まではイソツグミと呼ばれていたそうである。イソツグミの方が分類学的には適当な和名と思われるのだが、江戸時代になってイソヒヨドリと呼ばれるようになったといわれている。鳴き声がヒヨドリに似ているからであろうか。

イソヒヨドリは全長25.5㎝でムクドリやツグミとほぼ同じくらいの大きさで、27.5㎝のヒヨドリより少し小さい。雄は頭、胸、背、尾まで藍色である。腹側は赤褐色。雌の背面は灰色味のある黒褐色、腹面は暗褐色で鱗状の模様が全体にある。

日本では全国の海岸で繁殖する留鳥で、冬季北のものは南へ移動する。海岸の岩場が主な棲み家で砂浜に現れることはない。琵琶湖岩で稀に見られる。私の見た場所は奥琵琶湖西浅井町の月出港の石積み湖岸、それに米原町湖岸の岩石突堤などである。両方とも冬場である。イソヒヨドリは割合に目立ちたがり屋で、瓦屋根の棟や突堤や防波堤の上などに立っている場合が多い。なぜか雌に出会う場合の方が多く、岩石とよく似た色彩の持ち主で見つけにくい。県内での繁殖記録は今のところないが、最近、コンクリート壁が海岸の崖とよく似ているのか、ビルの隙間に営巣している例が出はじめたので、県内でも注目したいところである。現在県内では希少種で大事にしたい鳥である。湖岸堤や防波堤などもできるだけ石積みにしてイソヒヨドリに棲家を提供してやりたいものである。

イソヒヨドリ（写真／遠藤公男氏）

「みんなの自然」

自然愛護から環境教育へ

昭和四十五年（一九七〇）、私は近くの伊吹山中学校に転勤し、伊吹山の植物や野鳥の調査・保護に当たった。当時、伊吹山麓《ろく》の森にはオオルリ、サンコウチョウ、クロツグミがよく鳴き、クマタカやイヌワシの帆翔《はんしょう》が見られたが、現在は観光開発が進み、人と車が増え、ほとんど見聞きできなくなった。

昭和四十七年、私は県教育委員会学校教育課へ入り、自然愛護教育を担当することになった。公害対策基本法が成立し、国では公害、琵琶湖では富栄養化が大問題となった時であった。教育現場にも公害・自然愛護教育の導入が要望されるようになった。

すぐさま『環境保全に関する指導資料集』、小学校用自然保護読本『みんなの自然』、中高等学校用『びわ湖の自然』を相次いで編集し、各学校に配布した。

「びわ湖の自然」

当時は自然愛護教育と呼び、「子どもたちに美しい自然に触れさせることによって、自然を愛する心を育てる」が目標であった。今で言う環境行動は行わないことになっていた。

しかし、環境問題が深刻になる昭和六十年（一九八五）あたりから環境教育・学習と呼ばれるようになり、環境行動（空き缶拾い、河川清掃、水生生物調査など）がその主内容になってきた。

昭和五十七年（一九八二）、私は県教育委員会教職員課から滋賀県で一番琵琶湖に近い米原町立入江小学校へ赴任した。そして、環境教育の具体化を図った。すなわち、湖岸清掃を柱とした「さざなみタイム」をプログラム化したのである。

湖岸に打ち寄せる大量のごみ測定、水生生物調査、水鳥への給餌《きゅうじ》、砂の造形コンクール、焼きいも大会、遠泳などをプログラミングして、楽しさの中で環境学習が進められるようにした。この取り組みは各方面から注目され、新聞やテレビで紹介された。

入江小学校での「さざなみタイム」

十七年前……。いまは幻の入江小学校に赴任した（現在は米原小学校と統合）。琵琶湖に一番近い小学校であった。「入江は琵琶湖や夕日の美しい所やがそれ以上に人の心の美しい所やで」と隣家の老先生がよく話していた。「自分に美しく、友達に美しく、入江に美しく」という入江小の教育目標は、琵琶湖を眺めたり訪れる人たちと話しているうちに、自然に出てきた私のつぶやきであった。

しかし、近くに琵琶湖がありながら、琵琶湖を知らない子どもたちも多く、「もっと子どもたちに、琵琶湖に触れさせたら」という思いから「さざなみタイム」を考案し、子どもたちと湖岸五〇〇メートルを毎月清掃した。年間のごみは約一一トン（乾燥）。うち空き缶約七千個、危険な空き瓶、色さまざまのプラスチック容器。一番ごみの多い月は三月、空き缶の多いのは八月であった。

徐々に、琵琶湖を美しくしようとする心が子どもたちのなかに芽ばえて

「びわ湖は友だち」

きて、心ない人のゴミ捨てに、その度毎に気をもむようになってきた。

楽しみは「さざなみ活動」だった。一番人気のあったのは、浜での晩秋の焼き芋大会。毎年伊吹小学校の六年生を招待した。夏のスイカ割り、砂の造形コンクール、相撲大会、浜の植物調べ、冬の裸足《はだし》マラソン、四月の琵琶湖開きや三月の琵琶湖感謝祭など、子どもたちの歓声が琵琶湖に響いた。

琵琶湖クラブで湖岸の水生生物を調べて二十年前の調査と比べてもみた。入江干拓のカイツブリやオオヨシキリの巣作り、冬のタゲリの勇姿も印象的であった。干拓の歴史、メダカ、虫や石コロ調べなど、環境教育に全職員で取り組んだ。いまでも年一回当時の教職員全員が集まってわいわいと思い出話に花を咲かせている。

入江小学校の四年間。子どもたちと琵琶湖の自然に溶け込んだ記録を「びわ湖は友だち」という小冊子にみんなでまとめた。

入江小学校のびわ湖開き

湖岸清掃

ゴミの分類

第二章

水鳥生息域に打撃を与えたヨシ地帯の開発

水鳥との共存の道

琵琶湖は巨大だから、集まってくる水鳥を一羽残らず数え上げることは難しい。波の高い日は、その姿が波間に見え隠れするので、どのカモまで数えたのか分からなくなってしまう。一方、波の静かな天気の良い日は、カモの群れがずっと沖まで広がるので、豆粒のように小さく見え、一度まばたきをするともうどこまで数えてきたのか分からなくなる。波の静かな日に空から詳しい写真でも撮って、一度正確な数をつかみたい。それよりも狭い範囲、例えば新旭水鳥園地先、近江大橋から瀬田の唐橋まで、長浜港付近などと、場所を決めて年中、長期間水鳥の数をカウントしたら水鳥の増減、種類の数などの詳しい資料が得られるだろう。内陸水面、例えば西池、三島池、曽根沼、淡海湖、野洲川河口、それにダム湖はカウントするのに恰好の広さだから、観察も行き届きカウントも正確にできる。既にかなりの資料が積み上げられている内陸水面もある。

県が毎年一月中旬に、琵琶湖および内陸水面の水鳥一斉調査をしている

カイツブリの羽数の推移

年度	羽数	年度	羽数	年度	羽数	年度	羽数
1977	1,150	1983	1,935	1989	583	1995	780
78	949	84	1,991	90	370	96	662
79	1,474	85	1,023	91	546	97	595
80	1,217	86	1,491	92	402	98	613
81	2,130	87	1,563	93	548	99	
82	2,168	88	636	94	856		

（毎年1月中旬に行われる県下一斉水鳥調査資料による）

が、これはかなり信用性の高いものになっている。最近一五年間（一九八四～九八）のデータを見ると、カモ類は二万八千羽から三万七千羽とかなり増加している。しかしカイツブリは、琵琶湖の気象状況にもよるだろうが、千九百九十羽から六百羽と減少傾向にあることが分かる。

冬に来るカモ類の繁殖地は、主としてシベリア方面である。シベリア方面での繁殖が順調であれば琵琶湖の水鳥も自然に増えることになる。しかし、留鳥のカイツブリの繁殖地は琵琶湖自身である。カイツブリの繁殖の条件は、営巣場所と魚などのえさである。営巣地はヨシやマコモなどの抽《ちゅう》水性植物が茂っている浅い湖岸や内陸の池沼、流れのゆるやかな河口付近である。干拓地の承水溝が改良されたり、池沼が埋め立てられたり、道路がヨシ原の中に開通したりして、カイツブリのベッドタウンがだんだん少なくなっていく。ヨシ原がだいぶ回復してきた場所もあるが、今後水鳥誘致公園などを造る時は、噴水を設けたり橋を架けたりするよりも抽水性植物の茂る水面を広く準備するなどして、カイツブ

ヒシクイ（浅井町西池）

リの団地の造成に力を入れてほしいと思う。

それにカイツブリは一回に三、四個ぐらいしか卵を産まないし、力も弱く外敵に立ち向かう武器を何一つ持っていない。ヘビに狙われた時、狂気のように親は慌てふためくのだが、全く効果はなく短時間で卵をのまれてしまう。しかも、ヒナにえさを運ぶ便利さから、わりと人目につきやすいヨシ群落の開水域や水草の上に平気で浮巣を作る。カラスにも狙われやすいし、心ない人の投石にも出逢う。県鳥カイツブリの保護は、県民一人ひとりの心にもかかっている。

琵琶湖の巨大水鳥はコハクチョウとヒシクイである。翼開長が一六〇～一八〇センチメートルにも及ぶ。コハクチョウは昭和四十九年（一九七四）に初めて湖北に七羽が飛来し、だんだん増え、三百羽に近付こうとしている。ヒシクイは二百羽から三百羽の間で、やや減少傾向にあるように思われる。琵琶湖はヒシクイが渡来する南限地である。湖北湖岸、西池は有名な渡来地である。どんな動物でも、巨大なものは強そうだが、却って大き過ぎて弱く滅びやすい。巨大水鳥を保護するには、鳥そのものの保護とともによい環境を与えてやることが大切である。

近年県内各地で水鳥誘致公園が計画され実現している。環境保全先進県として喜ばしいことである。確かに、水鳥誘致作戦も大事なことであるが、昭和五十九年（一九八四）に大津市で開かれた世界湖沼環境会議のテーマが、「人と湖の共存の道を探る」であったように、水鳥にとっては母なる琵琶湖における「人と水鳥の共存の道」を整えてやることが、より基本的であると考える。

【注】

※琵琶湖のカモ類の個体数のベスト10は、①ヒドリガモ　②キンクロハジロ　③ホシハジロ　④マガモ　⑤コガモ　⑥カルガモ　⑦スズガモ　⑧ヨシガモ　⑨オナガガモ　⑩ハシビロガモであろうか。カモ類のほかにカワウ、ユリカモメ、オオバンなどもかなりの数になるが、ベスト10には入れていない。

カイツブリ

カイツブリは滋賀県の県鳥である。敬意を表してまず紹介しよう。

琵琶湖は昔からカイツブリが多いので「鳰《にお》の海」とも呼ばれ、詩歌によく歌われた。しかしカイツブリの生態や習性を歌ったものは少なく、琵琶湖の代名詞として使われている場合が多いようである。

夏の間、カイツブリの羽は色彩が鮮やかで美しい。頭は黒褐色で、首は赤褐色、それに目元からくちばしにかけての黄斑《はん》が際立って目を引く。これに対し冬羽は頭や背中が褐色で、腹部の色は淡く目立ちにくい色彩である。

カイツブリは琵琶湖とその周辺水域に年中見られる。ヨシの茂っている場所を好んで選び、巣は4月の終わりごろからつくり始める。ヨシを支柱として、水位の上昇、下降に合わせて上下に移動するいわゆる「浮巣」である。ヨシ原の茂り過ぎた所よりも、親鳥が出入りしやすい、しかも安全な所を選んで巣をつくる。雌雄仲よくひなを育てる。

ひなはふ化すると間もなく泳ぐことが出来る。しかし、しばらくの間は巣に戻って、親の羽の中に潜って暖をとる。また親の後ろについて泳いだり親の背中に乗って楽しんだりしている。ひとつがいで年に2回ぐらいひなを育てる。2回目の抱卵のとき、1回目にふ化してかなり大きくなった幼鳥が親の抱卵を見守っていることがある。1回の産卵は4、5個。危険が迫ると、慌てて水草で卵を隠し、親は潜水してしまう。親不在の巣の卵をヘビが狙うことがあるからだ。

冬は主に琵琶湖へ移動し、時に数十羽の群れをつくることがある。食物は主として魚であるが、エビ、カニ、カエルも食べる。食物を探すときや危険を感じるとすぐに水に潜る。その格好が卑怯《ひきょう》な感じを与え、こせこせしているようにも見えるため、県鳥にふさわしくないという人もあるようである。

カイツブリ

ヨシ原からの声

あおい琵琶湖を取り戻すために、いまヨシ原が見直されようとしている。ヨシ原は水質浄化に貢献しているとともに、周辺生態系の主要要素であり、文学的景観にも欠かせない存在である。

ヨシは水底に根を張り、水中から真っすぐに伸びる緑豊かな植物である。マコモ、オギ、ガマや柳が混じる場合が多い、これらの抽水性植物の生えている湖岸は波が打ち消されて静かであり、日射もヨシなどで遮られて水草も著しく繁茂することはない。そのため魚類の産卵場として最適であり、野鳥にとっても絶好の退避場であり、営巣地である。カイツブリ、バン、オオバンなどの水鳥をはじめオオヨシキリやホオジロなどの小さい野鳥も営巣しひなを育てている。またこれらの野鳥をねらうチュウヒが巣をつくり、カッコウが托卵《たく》のために集まる。

県内での初記録の野鳥もほとんどヨシ原で発見されている。レンカクは草津市下物のヨシ原外縁、新旭町のアカハシハジロ、下物のツリスガラ、帰帆島のムラサキサギ、ツバメチドリもヨシ原である。

平成三（一九九一）、四年、滋賀県野鳥の会で「ヨシ原の野鳥調査」を四大ヨシ帯（湖西、湖北、湖南、西の湖）で行ったところ、カイツブリ、カンムリカイツブリ、ヨシゴイ、サンカノゴイ、トビ、カルガモ、ヒクイナ、バン、オオバン、カッコウ、ウグイス、オオヨシキリ、カワラヒワ、ハシブトガラス、ハシボソガラスの十五種が繁殖していることが分かった。特にサンカノゴイの繁殖は国内初の確認と思われ、カンムリカイツブリの繁殖はおそらく繁殖南限地の発見になったと思われる。

ヨシ原はまた四季を通じて野鳥たちのベッドタウンである。特に夏の夕方、巣立ちしたツバメ、スズメ、ムクドリ、ホオジロやキジバトたちが何万羽と集まってくる。昼間、森や林、田んぼや畑で虫や穀類を腹いっぱい食べてきて夜はヨシ原に集まって眠る。冬鳥が北へ帰る前に集合するのもヨシ原である。そのほか、ヨシ原には山の鳥だと思っているフクロウ、オオルリ、ミヤマホオジロやウグイスなども多数休息している。

近くにカシラダカの集合地があって、仲間を呼び集める大合唱を毎年演じてくれた。私は毎年カシラダカを見送りにこのヨシ原へ行っていたのだが、ある年、突然ヨシ原が消えてしまった。琵琶湖総合開発が動き始め、湖岸ヨシ帯や湿地が湖周道路に変身していった。湖周道路からの琵琶湖観光、写真撮影、水鳥ウォッチングには大変便利になったが、湖岸の生態系が大きく崩壊し、湖岸動植物の生息域に大きな打撃を与えることになった。チュウヒの繁殖が見られなくなったり、県鳥カイツブリが激減してしまったことも確認された。〔県一斉水鳥調査・昭和五十七年（一九八二）二一六八羽、平成二年（一九九〇）三七〇羽〕また、ヨシ原をねぐらとするツバメ、スズメ、ムクドリ、キジバト、ホオジロなどが六月から九月にかけてヨシ原に数万羽集まることも確認されたが、湖南を中心にその数が減少しつつあることも分かってきた。

これらの主たる原因はヨシ帯の減少によるものと思われる。ある本によると、琵琶湖のヨシ帯は昭和三十年（一九五五）ごろは約四〇〇〇ヘクタールで現在は四分の一の約一〇〇〇ヘクタールとある。また、最近の調査によると、北湖に約二六〇ヘクタール、南湖に約七〇ヘクタール残っていると報告されている。調査によってばらつきが大きいのはヨシ原をどう定義するのかの違いによるものであろう。いずれにしても県内のヨシ原がどんどん

湖北のヨシ原

消えていったのは事実である。

平成四年（一九九二）、県は全国に先がけて「ヨシ群落保全条例」を施行し、ヨシ原の回復と造成を行うことになった。遅きに失したことであるが、湖岸ヨシ帯の増加が見られることは喜ばしいことである。

一方で、ヨシ原は発砲スチロール、空き缶、空き瓶やビニール容器の漂着場でもある。ヨシ原が不潔だという人もいるが、それはヨシ原の責任ではなく人間の責任である。ヨシ原を守るということは一人ひとりの生活態度にも直結していると言える。

チュウヒ

チュウヒはトビとよく似た中型のタカで、平野部の大きなヨシ原やその周辺の田畑を生活の場としている。タカの仲間だから当然肉食で、主にネズミ、小鳥を捕まえて食べる。ときにはカモを襲うこともある。

チュウヒは本州以南では冬鳥として11月ごろに渡ってきて越冬する。早春にはシベリアに帰っていき、繁殖活動に入る。全国的には渡来数は少ないが、県内での越冬個体は比較的多い。琵琶湖畔に広がるヨシ原がチュウヒの越冬地として適しているのだろう。

“ヨシ原ダカ”と呼ばれるほどヨシ原に執着して生活している。一般のタカ類が樹上生活なのにチュウヒだけは地上性が強く、土手などのやや小高くなったところに止まっていることが多い。

国内で観察されたチュウヒの仲間にはハイイロチュウヒとマダラチュウヒがある。どちらも個体数は少ない。県下ではハイイロチュウヒの観察記録は時々あり、毎年1羽ぐらい飛来していることが分かってきた。マダラチュウヒは一度も発見されていないが、和歌山県や石川県で見つかっていることから、県内にも渡って来ていることが考えられる。

最近、渡り鳥の一部が渡りをやめてしまうケースが目立っている。一部のツバメが南方へ帰らないで寒い日本で越冬することはよく知られた例である。

ツバメとは逆に冬鳥が春になっても、北方の繁殖地に帰らないでいる例も最近の調査でわかってきた。

冬鳥であるはずのチュウヒが夏期に時々見られる。3年前、草津市の琵琶湖畔のヨシ原で営巣している雌雄のチュウヒが発見され、巣の上にはかなり大きくなった2羽のひながいた。翌年も営巣したが、湖周道路の工事によって途中でやめてしまったが、次の年は繁殖が成功した。このように本州でチュウヒの繁殖が確認されたのは秋田、石川、兵庫に次いで4番目である。

チュウヒ（写真／岡田登美男氏）

ため池・内湖の危機

平成六年（一九九四）一月から四月にかけて、ため池や内湖の生物調査に歩いた。県内には主なため池が二〇八九箇所登録されているという。ため池や内湖は、戦中戦後の食糧増産のため多くが干拓され、二五二一・三ヘクタールが農地に変容したという。これがため池や内湖の第一の危機であった。

近年、ほ場整備事業が進み、農業用水を琵琶湖からの逆水で充足している地方、地下水で充足している地方などが多くなった。即ち、貯水池としてのため池は存在価値が低くなり、多くは埋め立てられてしまった。第二の危機である。

私たちの小学生のころ、琵琶湖に遠いこともあって、子どもの水泳場はため池であった。身長に応じて水泳に行くため池がおのずと決まっていた。早く大きくなり、大きい深いため池で泳ぎたいと思ったものだ。また、湧《ゆう》水でできた冷たくて水の飲めるため池、ヒシの実を採りに行ったため池や、年に一度、晩秋に水をすっかり出し切って魚を捕ることができたため池もあった。コイ、フナ、ナマズ、ウナギなどを捕らえるのが待ち遠しかった。しかし、もうこんな水辺の遊び、文化もなくなってしまった。

今回ため池を回って、近くにあっても知らなかった素晴らしいため池に出会って感動したことが何度もあった。碧《あお》いため池、オシドリ、カイツブリ、カルガモ、バンやサギのいるため池、カワセミに出合えたため池、ハリヨが元気に泳いでいる湧泉、ヨシ、マコモをはじめ水生植物の多いため池などである。

現在、残っているため池は次のような池であろうか。

▽農業用貯水池として現在も大切にされている池
▽憩いの場の中心池として公園化されている池
▽神池として保護されている池、釣り池としての池
▽学術上大切な池、ヨシ群落保全地としての池
▽富栄養化で養殖場として成り立たなくなった池
▽その他放置されている池――などであろうか。

ため池の第三の危機はこれから始まるのではないかと思っている。それ

は内湖やため池が余暇利用・スポーツ用グラウンドとして、レクリエーション施設建設の場所として埋め立てられたり、改修されたりするかもしれないからである。内湖やため池は比較的公有地が多く、埋め立てて利用するのに経済的に得策であり、住民の同意も得易いと思われるからである。

現時点での利益だけを考えたり、一時的な時代の流れに惑わされて、ため池や内湖が貴重な憩いの場であり、すぐれた生物環境を有する学術的価値の高いものであり、また琵琶湖水質浄化装置としての役割を担っていることを忘れてはならない。一つでも多くのため池・内湖を残して二十一世紀への貴重な財産としたいものである。

ラムサール条約と課題

ラムサール条約（特に水鳥の生息地として国際的に重要な湿地に関する条約）に平成五年（一九九三）六月十日、琵琶湖が登録を承認された。「琵琶湖全域鳥獣保護区」、「せっけん条例」、「ヨシ条例」など先進的な施策をどんどん実施してきた滋賀県、そしてそれらに協力し具体的に取り組んできた滋賀県民にとって大へんうれしいことである。とりわけ水鳥をはじめ琵琶湖の生き物たちの歓声が聞こえてくるようだ。

しかし、承認後は琵琶湖の生きものたちの期待に応えるために、県民一人ひとりが生活をどうコントロールしていくのか、環境行動をどう進めるのか。大きな責任が県民の手足に、そして何よりも心にかかってくることを忘れてはならない。

例えばカワウによる被害の問題がある。カワウはラムサール条約に示された水鳥であることから、カワウにある程度、席を譲らなければならない。世界が琵琶湖のカワウの処遇に注目するようになるからだ。

白鳥やカモたちが上陸して、終日麦の若葉を食べるようになってきた。二、三百羽のうちはまだ被害は大したことはないが、数千羽になってくると白鳥やカモへの非難が高まってくる。一万羽に膨れあがった出水（鹿児島）のツル、瓢湖（新潟）のハクチョウ、伊豆沼（宮城）のガンなどの例もあり、県民の理解と対策が必要になってくる。

県鳥カイツブリの激減が問題になっている。カイツブリは琵琶湖の景観的文化的に大事な水鳥だが、その繁殖の多くは内湖、池沼、干拓地や河川などのヨシ原である。しかしこれらのヨシ原の多くは条例の対象外であるため、ラムサール条約登録湿地には入っていない。今後の開発でどんどん減っていくことだろう。

琵琶湖は大きい貯水池で、水もその中の生きものも、多くは県下全域で育てられ集まってきている。地下水もヨシ原も琵琶湖に結びついている。すなわち、琵琶湖の母は県下全域なのである。県下全域の保全が琵琶湖を守るカギになるのだ。

このようにラムサール条約に登録された琵琶湖にもいろいろな課題がある。県も市町村も、そしてだれよりも県民一人ひとりの理解と日々の生活実践が必要なのだ。今後、お互いが協力し合って名実共に琵琶湖をラムサール条約登録湿地にしなければならない。

オオハクチョウ

コハクチョウ

カワウ

夏の夜を彩る風物詩の１つにウ飼いがある。岐阜県の長良川や京都の宇治川は有名だが、アユの産地・琵琶湖にウ飼いがないのが不思議だ。どこかいい場所はないものかと思う。

ウ飼いの主役はウミウである。琵琶湖で見られるウはカワウで、ウ飼いにはまれにしか使われていない。しかしカワウとウミウは大変よく似ている。

ウミウの方が黒褐色の光沢があり、くちばしの根元の黄色部分の形が違う。ウミウは三角形、カワウは丸形である。それにウミウとカワウは生活している場所が違うので、野生のものではまず間違えることはない。ウミウは波荒い岩場の海岸で繁殖し生活する。これに対しカワウは内陸で繁殖、しかも繁殖地は国内でも限られた場所である。琵琶湖に浮かぶ竹生島はその数少ない繁殖地の１つとして有名である。中部地方では、愛知県知多郡の鵜ノ山（天然記念物）は観光名所になっている。

竹生島の北側は絶壁になっていて、陸上から近寄るのは危険だ。ここは以前コサギ、チュウサギ、ダイサギ、アオサギなどのコロニー（集団営巣地）になっていた。しかし最近はカワウの大コロニーができサギは下の方に追いやられてしまった。カワウのコロニーは臭気がきつく、一度コロニーに踏み込むと臭気が衣服にしみ込んでなかなか抜けない。

カワウは竹生島で年に２、３回ひなを育てる。梅雨から夏にかけて産卵、ふ化する。南湖でも最近、単独か群れで見られる。竹生島に近い湖北ではよく見かけ、特にスポーツの森のある早崎方面（東浅井郡びわ町）には多い。古い杭の上に40～50羽がズラリと並ぶ光景は圧巻である。

カワウ

カワウは主として魚をとって食べる。潜水が上手で、30～40秒ぐらい潜るのが普通である。両足を、時には翼を使って水中を泳ぐ。水面上に出てから嗉嚢《そのう》に蓄えておいた魚をうまそうにのみ込む。鳴き声はグワッ、グワッ、グルグルとうなるような低い声で、よく響く。

第三章

ゲンジボタルの保護からまちづくりへ

ホタルサミット

平成元年（一九八九）、環境庁が選定した「ふるさといきものの里百選」（実際は百十九件）で、保護対象となっている生き物は、ホタル八十五件、チョウ二十件、トンボ十三件、その他二十二件となっている。ホタルが断然他を引き離して保護されていることが分かる。

私の町、山東町には国指定特別天然記念物「長岡のゲンジボタルとその発生地」がある。昭和三十四年（一九五九）の八月と九月に集中豪雨に見舞われ、ホタルの発生地天野川は根こそぎ生態系を破壊されてしまった。そこで私は、勤務していた大東中学校科学クラブにホタル研究班を編成して生態系の調査を開始した。翌年の昭和三十五年には指定区域内でわずか百十一匹、三十六年には四匹、三十七年には六匹、四十一年にはついにホタルの姿を見なかった。長岡地区も「螢を守る会」を結成し、ホタルの放虫や人工養殖を始めた。昭和四十年（一九六五）、水生昆虫の権威で私の恩師でもある奈良女子大学の津田松苗先生（故人）を招いて診断をしてもらった。

「環境が回復したらホタルは回復する。心配することはない」科学クラブはこの診断に元気づけられ、水生生物の定量調査を続けた。大水の出た直後は生物量が激減するが数カ月で元に戻ること、そして元に戻る生物の補給源は、上流の支流であることも分かった。そのため支流の保全・保護の方がむしろ大切であることを提言した。昭和四十七年（一九七二）、「山東町螢保護条例」が施行され、支流を含む区域がホタル保護区となった。

昭和五十四年（一九七九）、私は天野川の近くの山東町立東小学校へ赴任した。まだホタルの発生は少なかったが、ホタル保護、環境保全の起爆的効果を狙って、全校児童でホタル保護市中パレードを行った。鼓笛隊を先頭にして多くの手づくりのホタルみこしを担いでにぎやかにパレードした。これは地域の人を大変元気づけ、支援を受けた。現在も盛大に継続されている。

昭和の終わりごろ、天野川上流に産業廃棄物処理場建設の計画がアセスメント終了まで進んだ。「天野川のゲンジボタルが危ない」と地域の人が立ち上がり猛反対運動をした結果、計画は中止されることになった。

今後のこともあって天野川の環境を詳しく調査することになった。

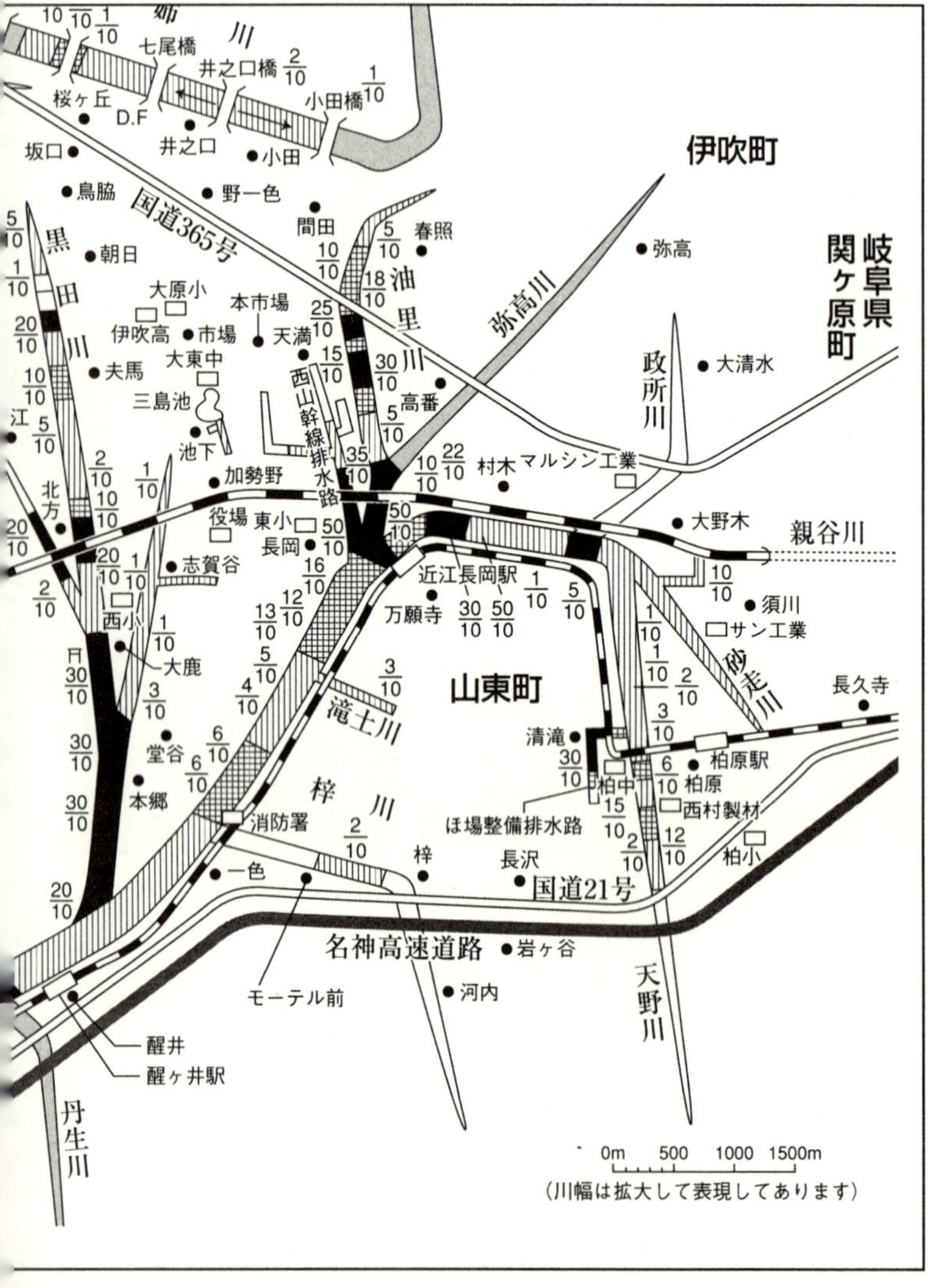
伊吹町
岐阜県
関ヶ原町
山東町
七尾橋
井之口橋
小田橋
桜ヶ丘
D.F
井之口
小田
坂口
鳥脇
野一色
間田
国道365号
黒田川
朝日
春照
弥高
油里川
弥高川
大原小
本市場
伊吹高
市場
天満
夫馬
大東中
政所川
大清水
三島池
高番
池下
西山幹線排水路
村木
マルシン工業
加勢野
北方
役場
東小
長岡
大野木
親谷川
志賀谷
近江長岡駅
須川
西小
万願寺
サン工業
大鹿
砂走川
長久寺
滝土川
清滝
柏原駅
堂谷
柏中
柏原
本郷
梓川
消防署
ほ場整備排水路
西村製材
一色
梓
長沢
柏小
国道21号
名神高速道路
岩ヶ谷
モーテル前
河内
天野川
醒井
醒ヶ井駅
丹生川
0m 500 1000 1500m
(川幅は拡大して表現してあります)

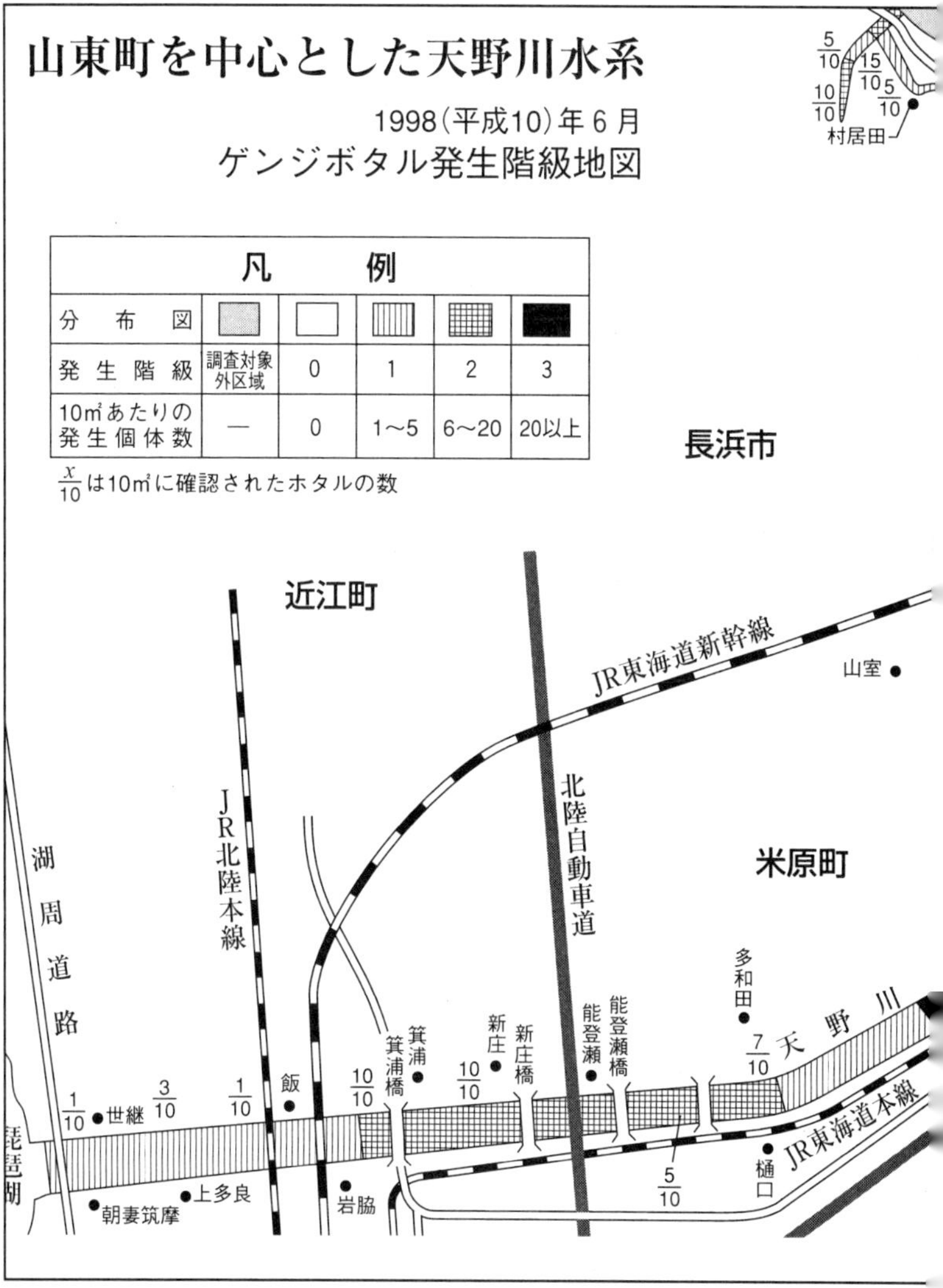
山東町を中心とした天野川水系
1998（平成10）年6月
ゲンジボタル発生階級地図
凡　例
分布図
発生階級　調査対象外区域　0　1　2　3
10㎡あたりの発生個体数　—　0　1〜5　6〜20　20以上
x/10 は10㎡に確認されたホタルの数
長浜市
近江町
米原町
JR東海道新幹線
JR北陸本線
北陸自動車道
湖周道路
JR東海道本線
天野川
琵琶湖
山室
村居田
多和田
能登瀬橋
能登瀬
新庄橋
新庄
箕浦橋
箕浦
飯
世継
上多良
朝妻筑摩
岩脇
樋口
5/10
15/10
10/10
5/10
1/10
3/10
1/10
10/10
10/10
7/10
5/10

平成元年（一九八九）、私も退職を機に町の要請を受けて「鴨と蛍の里づくりグループ」を組織し、町内にある二つの天然記念物の保全に関する調査研究を行うことになった。天野川の水質調査、生物学的水質判定、ホタルの発生しやすい環境条件の整備、全町ホタル発生地図の作製、自然教室の運営と指導などが主な仕事である。

そして、「鴨と蛍のまち」という百ページ程度の紀要を毎年出版してきた。平成七年（一九九五）六月十日に開催された「全国ホタルサミット'95さんとう」は山東町のホタル保護の総仕上げであった。

最近の天野川は、津田先生が明言された通り「環境が回復してホタルが多発するようになった」。しかし、水質の富栄養化は進み、孫支流の三面コンクリート張りが多くなり、本流や主な支流に土砂が著しくたい積し、そこにツルヨシ等の抽水性植物が繁茂し、水流を防げるようになった。そのため各流域でしゅんせつ工事が行われ、ホタルの幼虫に大きな影響を及ぼしている。洪水の予防対策とホタルの保護対策が再び対立し始め、どのようにして両立させるかが現在の課題である。

ここでも人と自然との共生のあり方が問われている。

シーズンオフを大切に

桜の季節が終わると「目に青葉　山ホトトギス　初カツオ」の季節がやってくる。ウグイス、ヒバリ、カッコウ、ヨシキリ、ヨタカの季節が次々とやって来る。琵琶湖開きで大きなカギが湖上に浮ぶと琵琶湖の季節が始まり、人々は琵琶湖へ琵琶湖へと押しかける。コアユ、フナズシ、エビ、イサザの季節がやって来ると、湖国に生を受けている私たちは豊かな食卓の恵みに感謝する。ザゼンソウ、ショウブ、クリ、サツマ芋の季節が訪れると私もそれらに会いに出かける。カモやオオバンなど、冬鳥のシーズンがやって来ると片時も家にじっとしていられなくなる。

間もなくホタルのシーズンが巡ってくる。そのころになるとホタルの保護が各所で議論され、催しが展開される。しかしホタルはシーズン以外もどこかで生き続けている。ホタルの幼虫は七月から翌年の三月まで水中で成長する。そして四月上旬の暖かい雨の日に光を放ちながら上陸する。ホタルのシーズンでないので新聞やＴＶも黙っているから人知れず上陸する。そして川岸の草の下で二カ月近くも蛹《さなぎ》として、羽化の身支度を整える。そして六月初中旬ホタルのシーズンを迎える。人はわっとホタルに注目するのだが、わずか二週間ほどで幕を閉じる。

水質汚濁、干ばつに耐え、魚や鳥たちなどの天敵から逃れた数少ない幼虫だけが上陸できる。上陸した四月はホタルのシーズンでないので、人々はホタルの眠りに気付かない。除草剤がホタルのベッドに降りかかるし、あぜ焼きで焼死するホタルのさなぎも多い。さなぎにとってはホタルのシーズンは四、五月ですよと叫びたくなるだろう。これらの再々の難を免れたさなぎだけがいよいよホタルのシーズンを迎える。人々はホタルの保護を叫び出す。実は「今や遅し……」である。

ホタルの生活史をたどると、発光する数週間だけの保護では本当の保護にはならない。ホタルに適した水質の保全、えさになるカワニナの確保、上陸しやすい擁壁《ようへき》、蛹化《ようか》のための安全な川岸の準備など一年、一生を通じての保護が必要である。むしろホタルが目立たないシーズンの保護が重要と思われる。

オオヨシキリの季節は五月から始まる。先ずオスが南から帰りテリトリ

ホタルの写真

ーを準備し、メスを迎え入れる。しかし、帰って来たときにヨシ原が消えていたらヨシキリの季節はやってこない。ウグイスも秋から冬にかけて街の生け垣や山麓《ろく》のブッシュで生活する。生け垣やブッシュが春のウグイスの季節を支えるのである。花、湖魚、野鳥、昆虫たちにとって目立たない季節が長く、この季節なしに華やかなシーズンはありえない。麗しい青春だけが人間のシーズンだとは誰も思っていないように、生き物にとっても年中がシーズンなのである。

新聞やＴＶも花の季節、発光や羽化の季節、それに美しくさえずる季節だけをシーズンとして取り上げないで、その生き物がきびしい自然環境に耐え忍んでいる姿をシーズンとして紹介してほしいと思う。「花のいのちは短い」と言うが花だけがシーズンではない。むしろシーズンでないシーズンがより長くより大切なのである。環境問題を考えるうえではシーズンでないシーズンのあり方がむしろ重要なのである。

ホタル

ホタル科に属する昆虫は数十種類に及ぶ。しかし発光するホタルの種類は少ない。私たちはホタルと言えば発光するゲンジボタル、ヘイケボタルをイメージすると思う。中でもゲンジボタルは大きく（約1.8㎝）、光も強く数も多いので、種名の語源「火垂る」にふさわしいホタルであると思う。

滋賀県内は有名なゲンジボタルの発生地で、全国に十数箇所しかない国の天然記念物指定地が近江町、守山市、山東町の3箇所もあった。守山市はホタル研究の元祖南喜一郎さんがおられた町で、全国ホタル研究大会の第１回大会が守山市で開催された。しかし都市化でホタルの光が消え指定が解除された。最近懸命の保護で守山市にもホタルが回復してきてホッとしている。山東町の「長岡のゲンジボタル及びその発生地」は全国唯一の特別天然記念物の指定を受けている。以下山東町のゲンジボタルの生態を中心に述べることにする。

山東町のゲンジボタルの発生は6月上旬から中旬にかけて最盛期を迎える。暖冬、暖春の年は五月下旬から発生し始める。関西のゲンジボタルの明滅周期はほぼ2秒（気温19℃あたり）で、関東では4秒である。川の空間を2秒間隔で明滅しながら飛ぶのは雄である。しかも雄の群れが一斉同時に明滅を揃えながら、一斉明滅しない雌を探すのである。探雌に成功した雄は交尾をして短い命（1週間～10日間）を終える。雌が水辺のコケなどに産卵した卵は約1ヵ月ほどでふ化し、幼虫は水中生活を始める。カワニナが主食であるからカワニナのいない川にはゲンジボタルは育たない。したがってホタルを保護する前にカワニナの保護増殖が必要である。山東町の蛍保護条例ではホタルの成虫・幼虫とともにカワニナの捕獲も禁止している。幼虫はカワニナを食べながら5～6回脱皮し、3月末から4月にかけて、雨の暖かい夜に上陸して土中に入る。幼虫は第8腹節背面の両側に発光器を持っているので2本の光跡を残しながら上陸する。土中に入った幼虫は土まゆを作って前蛹《ぜんよう》期を経て蛹《さなぎ》になり羽化の日を待つことになる。土中にいるゲンジボタルの蛹を保護するため山東町の蛍保護条例では、土中に潜んでいる期間は川辺の草刈り、あぜ焼き、除草剤の散布を禁止している。5月下旬頃から6月中旬にかけて、暖かい雨の日を中心にして羽化が始まる。最盛期は山東町の川筋によって、また同一河川でも場所によって1週間から10日の違いがある。幼虫が上陸してから40～50日後にあたる。

ゲンジボタル

ホタルの保護は河川環境全体を保護しないと成立しない。したがってホタルは環境保全のバロメーターと言える。ホタルが飛び交う美しい町づくりが各所で実践され多くの成果をあげていることはほんとうに嬉しいことである。

天野川源流

小さな生命に学ぶ

私はこの四年、伊吹山麓《いぶきさんろく》の天野川水系の水生生物調査を続けている。それはこの水系が三つの国、県指定の天然記念物を持っているからである。すなわち「長岡のゲンジホタルおよびその生息地」「息長《おきなが》ゲンジボタル発生地」「三島池のカモ及び生息地」であり、絶えず監視しなければならない重要な水系であるからである。

水系を調査していると、川が如何《いか》に時々刻々大きく変化しているかが分かる。ほ場整備、浚渫《しゅんせつ》、護岸、道路工事などによる人工的変化、洪水や旱魃《かんばつ》などによる自然的影響、汚濁物質の流入による突発的事故などによるものである。

これらを原因とする川底の変化や水質汚染のために川に棲《す》んでいる生物たちが大きな被害を受けているのである。それらの生物の消息をつかむために「生物学的水質階級指数」を年一、二回の生物調査から算出している。

天野川柏原付近

例えば、全面浚渫工事が行われると、この指数は０（ゼロ）近くまで下がってしまうが、一年経過すると三〇％くらい回復してくる。三年も経過すると他の環境条件の整っている場所では一〇〇％以上回復し、浚渫以前よりもそこに棲む生物の種類が多くなり、ゲンジボタルも多く発生するようになる。

しかし環境条件の悪い場所では三年たっても一向に指数は回復してこない。また汚染物質が流れ込めば一瞬にして指数は０になるのだが、この四年間、幸いにもこのケースには出合わなかった。汚濁物質の流入は一度だけ経験したが、狭い範囲に止まった。

次に水生生物の回復順序であるが、まず汚濁に耐えられる生物、イトミミズ、ミズムシ、ドロムシやユスリカが回復しはじめる。次に汚濁に耐えられない生物、カワニナ、シジミ、サワガニ、チラカゲロウ、ヒラタカゲロウ、ヒゲナガワトビケラ、ヘビトンボ、やゲンジボタルが徐々に時間をかけて回復してくる。すなわち生物の回復は環境条件によってテンポが異なることが実証された。

この回復途中で次の打撃が与えられると、小さな生命への打

天野川長岡付近

天野川飯村付近

撃は徹底的になり、回復までの時間はさらに長びく。従って、工事などの行為はこれらの小さな生命回復のテンポに合わせる必要がある。しかし、現実の人間の行為は生物の回復のテンポを上まわる早さで生物たちを傷めつけているし、ひどいときは回復しかけた芽を摘んで根絶してしまうようなことさえしている。

地球規模の環境問題でも、人間が吐き出す汚染、汚濁物質による破壊が、地球自体の回復のテンポより早くて、地球を次第に傷つけているのである。

私は身近な天野川水系の継続的な生物調査から、「地球にやさしい行為とは何か」を小さな生命から学んだ。それは特別な場合を除いて、小さな生命の回復するテンポより遅いテンポで人間が自然にかかわって行くことが地球を守るための原則であるということである。

一〇〇万ドルの夜景

平成七年三月三十日、鹿児島県鹿屋市光同寺でゲンジボタル初見の連絡を受けた。わが町山東町ではまだ幼虫の上陸すら見ていないのに驚きであった。

四月九日、暖かい雨の夜であった。今夜はきっとゲンジボタルの幼虫が上陸するに違いない。長靴、雨着スタイルで、いつもの黒田川（天野川支流）へ急いだ。少しばかり伸びた草むらに点々と光が動いている。水中で光りながら上陸をためらっている幼虫、コンクリート壁を登っている幼虫、アスファルト道を横断している幼虫もいた。どしゃ降りの雨を忘れて一匹一匹のホタルの幼虫に「頑張れ！　頑張れ！」と声をかけた。

昨年六月の卵から今夜まで、天敵と悪化する環境を生き抜き、カワニナを食べながら二〜三センチに育った幼虫が今、光を掲げて水中生活に別れを告げる瞬間である。人間の誕生に匹敵する環境変化なのだ。

五月二十七日、ゲンジボタル初見。その夜、静岡のホタル研究家松下先生から電話がかかった。静岡はもうホタルの最盛期とのこと。静岡のホタルは明滅周期が四秒の関東型、山東町のホタルは二秒の関西型である。中間に三秒型が生存し、関西型と関東型の交配によってできたものか、なぞになっている。松下先生はこのなぞに取り組んでいる。だから二秒型の種《たね》蛍（雄）が必要なのである。翌二十八日、一日違いでゲンジボタルはかなり発生し、松下先生は五匹の種蛍を特別の容器に入れて大事に持ち帰られた。

ホタルの地域移動は関東、関西型の自然分布を混乱させるので、厳に慎むべきことである。万一松下先生が三秒型ゲンジボタルを作り得たとしても、野外に放虫することは許されない。

さて六月十日、山東町で「全国ホタルサミット'95さんとう」が開催された。時を同じくしてゲンジボタルは発生のピークを迎えた。毎夜、遠方からホタル電車やホタルバスが運行されにぎやかであった。国指定特別天然記念物「長岡のゲンジボタル及びその発生地」があるからである。

六月十七日、湖北町のホタル観賞会に招かれて参加した。例年ゲンジボタルの発生はさほど多くなかったのだが、今年は余呉川下流（山本付近）でゲンジボタルが、ほんとうに銀河のようにきらめいていた。空中を乱舞するホタルが一斉明滅を繰り返し、暗やみの中を流れ、この世の光景とは思えぬほどの夜景であった。頭や衣服にゲンジボタルが自然に止まるのである。

最近こんな光景が私の町でも数ヵ所見られるようになった。「百万ドルの夜景」とはまさにこの夜景を言うべきだと思った。啄木がこの夜景を見たら「ふるさとのホタルに出逢いて言うことなし　ふるさとのホタルは美しきかな」と歌うであろう。大切にしたいふるさとの貴重な夜景である。

第四章

自然保護への提言

カワニナ、ホタル幼虫の移動(1)

住民参加型の環境づくり

「あなたたちは調査や研究が大切だと言われるが、調査や研究だけで自然が守れるのですか。カモやホタルが増えるのですか」

「私たちは調査や研究をして、どうしたら自然が守れるかを提言する立場です。この提言を実行していただくのは行政の人、設計者や施工者、また私も含めての一般生活者です」

例えばホタルについて提言を二、三書いてみよう。

・一度浚渫《しゅんせつ》したらホタルが回復するのに三、四年はかかるから、この期間は浚渫しない。

・ホタルが多く発生している区域は手をつけないようにする。

・川の両岸にヨシ帯を残す。

・中洲、瀬や淵を川の中に造ったり岩を設置したりする。

・幅の広い川は片側ずつ、狭い川は二〇〇～三〇〇メートルずつ浚渫などの工事を進める。

カワニナ、ホタル幼虫の移動(2)

・擁壁は緩やかにし、路肩には土の部分を残し、堤に樹木を植える――など。

これらのことは提言者自身には実行できない。しかし冒頭の率直な直言が私の胸に新鮮に響き続けている。何か自分でできることはないだろうか。私は今も問い続けている。その中で実行したことを一、二述べることにする。

「野鳥病院を造ってみよう」県の方へその目的と簡単な設計図を提出し病院建設をお願いした。県でもよい発想だといってこれを採択し、山東町三島池と大東中学校の間に「野鳥保護センター」を昭和四十六年（一九七一）に開設した。以後、毎年五十～六十羽の野鳥たちが生徒の手で保護治療され、助けられている。

ホタルについては工事直前に、工区からカワニナとホタル幼虫の移動させることを考えた。これなら私たちでもできる。工事は普通晩秋から翌春にかけて行われるので、移動作業はいつでも厳寒期にあたる。最近は移動に参加してくれる人も多くなったし、県内でもこの方法が一般化し始めた。小中学生が参加して一斉移動を行っている所さえ出始めた。

また、この作業はホタル保護への啓発にも役立っている。

カワニナ、ホタル幼虫の移動(3)

作業を通して、ホタル幼虫のえさがカワニナであることや、幼虫が黒いイモ虫状であることを知り、それを手に取って実感することができる。またホタルの幼虫が多くすんでいる環境を理解し、その環境の保全について話し合ったり、ホタルの幼虫に適した水質保全と生活排水とのかかわりについて気づくことができるからである。

環境基本法が平成五年（一九九三）末に施行され、環境保全がすべての事業で優先される時代に入った。

この基本法成立過程で最も論議されたのは、第二〇条の「環境影響評価の推進」、いわゆる環境アセスメントの義務化の問題であった。結局、基本法では「環境保全について適正に配慮することを推進するため、必要な措置を講ずるものとする」となり、不十分な表現になってしまったが、環境アセスメントに関する規定が設けられたことは大きな前進であった。

それまでの小規模事業の環境アセスメントは認可を受けるための提出書類の一つに過ぎなかったように思わる。工事などの事前調査に参加して、その度に調査に基づいた提言や意

カワニナ、ホタル幼虫の移動(4)

見書を書いてきたが、その提言内容は、工事段階でおおかた消えてしまって、実現されることは少なかった。それだけに、環境アセスが「必要な措置を講ずる」ための重要書類になったことは評価に値することであった。「計画、設計の段階から調査者の意見を取り入れてほしい」。これが私たちの長い間の願いであった。最近、絶滅危機生物、生物種の減少が地球規模の環境問題となり、ようやく私たちの願いがかなえられる時代がやってきたのだ。

滋賀県では他県に先駆けて、平成六年（一九九四）より「生物環境アドバイザー制度」を発足させた。地域の生物環境に詳しい者が、県関係工事について計画の段階から相談に加わることになったのである。大変うれしいことであり、生物環境保全上、大きな効果が期待される。さらに、すべての工事などにこのシステムが導入されることを希望したい。

また、この制度と並行して「近自然工法研究会」も発足し、土木工学の人と生物学の人が一堂に会して近自然、多自然型環境づくりを議論し提言している。

環境基本法の成立によって、アセスメントの位置づけが明確に示された。私は自然環境のアセスメントだけでなく学校教育、青少年健全育成、生涯学習、社会福祉、人権関係、交通安全などの立場からのアセスメントも必要であると考えている。すなわち、住民一人ひとりが環境アセスに関心を持ち、一つの事業に対してあらゆる分野から意見を述べ合う住民参加型の環境づくりが大切であると考えている。ラムサール条約で言う「持続可能なワイズユース」のためにみんなで環境保全をしていこうではありませんか。今ほど開発するより自然を残すことに価値がある時代はないと思っている。人と自然の共生の時代から自然優先の時代が間もなく訪れようとしている。

ラムサール条約とは

イランの北、カスピ海の湖畔の「ラムサール」という町で昭和46年（1971）に“水鳥と湿地に関する国際会議”が開催され「特に水鳥の生息地として国際的に重要な湿地に関する条約」が採択されました。この条約は、水鳥にとって重要な湿地を世界各国が保全し、適正に利用することを目的とした条約で、会議が開催された町の名前にちなんで「ラムサール条約」と一般的に呼ばれています。

ラムサール条約の目的

湿地には多くの生物が生きています。それをエサにする鳥が集まります。特に渡り鳥にとって、長い旅の途中に羽を休め、エネルギーとなる食物を与えてくれる湿地は欠かすことのできない場所です。

“渡り鳥に国境はない”地球規模で移動する渡り鳥を保護するためには、国家間で協力して湿地を保全しなければなりません。ラムサール条約は、生物にとって、特に水鳥にとって価値の高い一方、容易に破壊されてしまう湿地を、国際的に保全することを目的とした条約です。

ラムサール条約と琵琶湖

ラムサール条約の登録湿地となった琵琶湖は、6市15町にわたる65.602haが指定され、日本最大の登録湿地となりました。

滋賀県では、これを機会にあらためて琵琶湖の素晴らしさを見つめ直し、国内の登録湿地や世界の登録湿地と連携し、水鳥の生息に適した湿地として、「自然と人の共存」を目指した自然環境への活動を積極的に進めたいと考えています。

（滋賀県刊行物より）

ラムサール条約の登録湿地

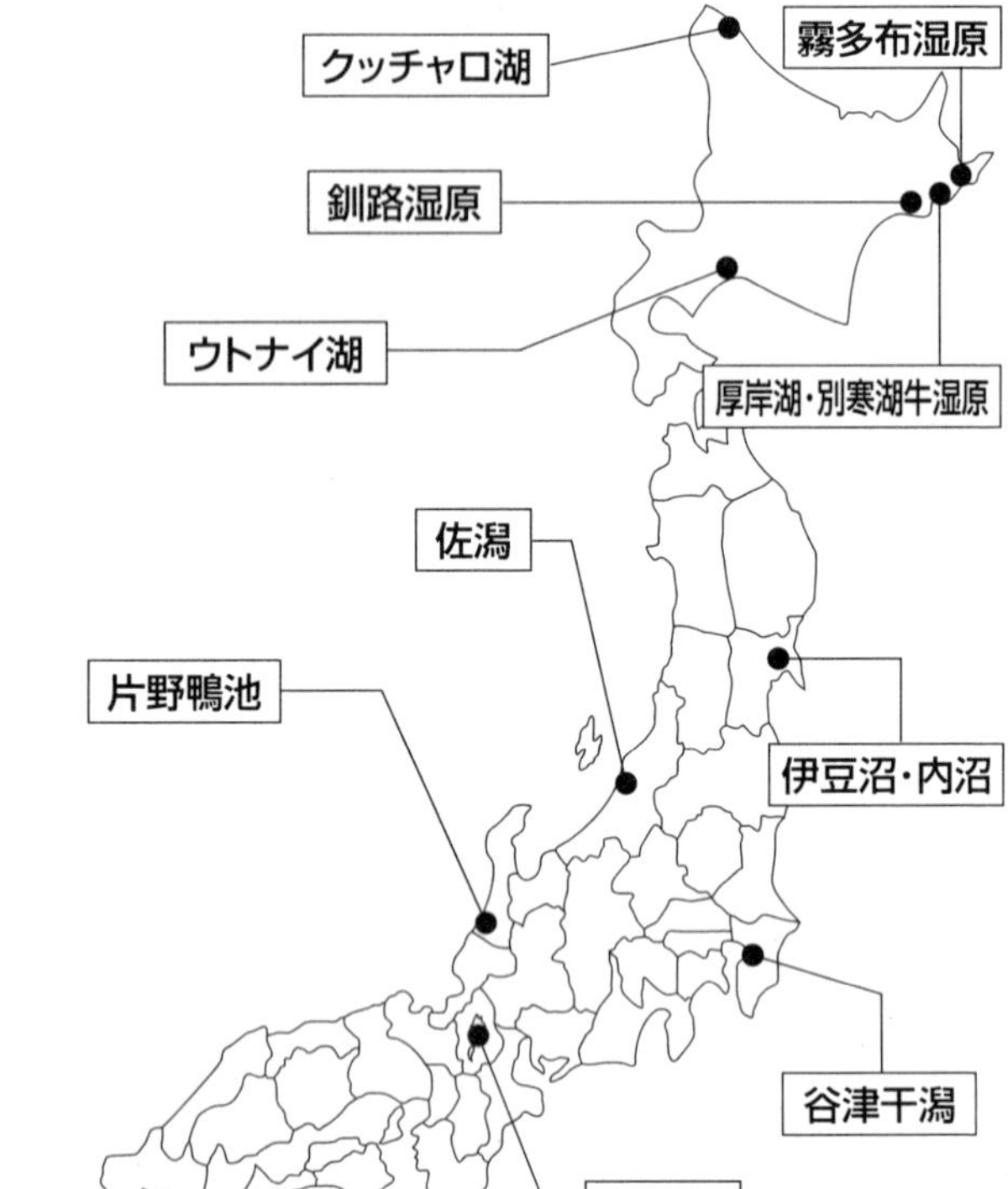

日本は、昭和55年にラムサール条約に加盟し、北海道の釧路湿原、宮城県の伊豆沼・内沼や琵琶湖など11ヵ所が登録湿地となっている。

(滋賀県刊行物より)

教育アセスメントのすすめ

一つの事業が行われるとき、自然環境アセスを行うことは重要だが、子供たちへの教育的、身障者や老人への福祉的、地域への文化的な影響評価なども大切であると考える。それは、「環境とは生物の生存に関係するすべての外的条件」であり、特に人間にとって社会的、文化的環境は、重要な環境要素であるからだ。

最近再び青少年健全育成の問題が大きな社会問題になっている。いろいろな完成された事業の中に、青少年に悪影響を及ぼす要素が潜在しているからだ。それは今までの事業計画の過程で教育アセスを十分行わなかったため、対策が講じられなかったためではないかと思われる。

例えば、一つの河川改修事業が行われる場合を考えてみよう。魚や蛍、鳥たちの持続的生存対策を講じるのは当然だが、同時に水辺で子供たちが安全に遊んだり学習したりする環境づくりをすることも大切である。また青少年の非行の場にならないように配慮することも大変重要な対策である。これらの教育的対策は教育アセスを行わないと出てこない分野であり、教育専門家が進んで分担すべきであると思う。

ゆたかな人格をつくる自然との触れ合い

私が勤めている滋賀文教短期大学で担当の学生に「ふるさとについて」というテーマのアンケートをしてみた。その中から——。

「あなたはふるさとが好きですか」という設問に対して、「好き」と答えた学生がほぼ八〇％、「嫌い」は〇％。「好きな理由」では、農山村出身の学生は「自然環境」七四％、次いで「人情味」六〇％など。都市学生は「人情味」六〇％、「利便性」五〇％などであった。

「幼い日の思い出は何ですか」の問いに、「水辺の遊び」四五％、「野原の遊び」二九％、「山の遊び」二二％、「お祭り」二一％などの答えがあがった。高価な遊具、おいしい食べ物は出てこなかった。

「ふるさとの将来はどうあってほしいか」という問いに対する答えは、「自然を残してほしい」三六％、「交通が便利になるとよい」二二％、「温かい人情を受け継いでほしい」一一％、「伝統文化、文化財の保存」一〇％などであった。

このアンケートから、ふるさとへの思いは、幼い時に身近な自然や文化、人情に直接ふれることによって育ち、それが幼い心に刻み込まれ、将来の人格形成の基礎になっていることが分かる。

そのため、私は学生たちに現在の学生生活が第二のふるさとになるように、また、近き将来母や父になったとき、学校や幼稚園の先生になったときに、子どもたちにしっかりした人格形成の基礎「ふるさとを愛する心」を育ててくれるように、担当教科の学習はできるだけ近くの自然や文化と直接ふれ合う方法をとっている。近くの山や森、社寺林、川や湖、畑や田んぼに出かけ観察やウォッチング、製作や遊びを共にし、「私の木」の年間観察など行っている。

私は町の方でも、グループの皆さんと一緒に自然教室を開催し指導している。町教育委員会の支援を得て、ホタル観賞会、水鳥観察会、水生生物による水質調査、伊吹山の植物、町内の山への登山、三角点探し、文化財探訪、巣箱やエサ台作り、土鈴焼きや紙すき、古代人体験、県内外の観察施設見学などを行っている。

野外での活動は多くの余得を伴う。まず、健康によいことである。特に

滋賀文教短大での野外学習

心の健康にはこれほどよい活動はない。不登校の子どもの登校のきっかけになったこともある。

「自然を愛する青少年は健全に育つ」「自然は最高の教師だ」と私は思っている。登山やハイキングで出会う青少年の明るくたくましいこと、礼儀正しく素直なこと、私がいつも体験していることである。

次に自然を通しての人との出会いも楽しい。自然の中では皆自由だし平等だ。助け合いや思いやりも自然にわいてくる。

また体験や知識が広がるのもうれしく、次への意欲も出てくる。文化財、名所旧跡に出合えるし、自分の専門外のことも同行の人から学ぶことができる。歴史、産業、名物名産、天体や地質鉱物化石、草や樹木やキノコ、魚、虫、鳥や獣。興味、関心が広がり生きがいすら感じるようになる。

スポーツ、芸術、学問の分野でも同じことが言えるだろうが、自然はそれらの共通の地盤であるだけに大切にしなければならない。この共通の地盤を壊さないで次世代に引

自然観察会
（三島池女溜）

き渡さなければならない。二十一世紀に活動する子ども、生徒や学生たちにその心を橋渡しするのは現在の親や教師の役目であろう。そして、そのことは親や教師が子どもたちといっしょに自然に触れ合って楽しむことから始まる。

私も今に至って、自然を愛してきたアマチュアの一人として生きてきた幸せをしみじみと感じている。多くの出会った人々に感謝するとともに、命の続く限り「人と自然」について語り合いたいと思っている。

自然に対する感動が環境倫理を培う

一位　秋空の青
二位　ミゾソバのピンク
三位　ヨメナの紫
四位　カエデの翼形種子
五位　セイタカアワダチソウの黄
六位　ヒッツキ虫（オナモミの種子）
七位　群飛する赤トンボの赤
八位　ギンナンの臭さ
九位　ドングリの帽子
十位　秋風の肌ざわり

私は滋賀文教短大で数時間授業を持っている。秋日和の午後、学生たちにせがまれて、秋の野外観察に出掛けた。野外授業は学生たちに好評なので時々出掛ける。

「今日の野外観察で最も感動したことを二つ書きなさい」授業の終わりにいつも「私は考える」という一題のアンケートを出している。

秋空の青が一位になるなんて想像もしていなかった。毎日、素晴らしい湖辺の秋空の下で生きているからだ。雲のスケッチをしながら学生たちはしみじみと青空を眺め、その自然の美しさに改めて感動したのだ。

田んぼの溝に群れ咲いているミゾソバ。ふだん見過ごしている自然。スケッチしながら一つのかれんな花を見つめると、そのピンクの何と美しいことか。乙女心を揺さぶったに違いない。ある学生は「この花を見ているとふるさとのお母さんを思い出す」と書いている。何とすばらしいお母さん。野草のピンクが郷愁を誘い、人知れず涙している学生の何と純情なことか。

「ヒッツキ虫で先生と遊んだことが面白かった」「カエデにあんなかわいい種子が実るとは知らなかった」「ジョウビタキの声が美しかった」「温かい木と冷たい木があった」こんなに感動してくれた野外観察、私も満足であった。

別の日のアンケートでは、青い空、コスモスのピンク、ギンリョウソウの発見、タマシギの幼鳥を網ですくった、コンペイトウの花を手にして母を思い出した、さらに、ツユクサをいつも先生に持っていったが学校に着くと花が落ちてしまって悲しかったのを思い出した、コオロギのリズム、ハッカのよい香りと答えが続いた。

野外学習では、自然の美しさ楽しさにふれた喜びが学生の顔に生き生きと表れ、心にしみ込むようで私もうれしい。

また、長浜市の女性のための「ふるさと再発見セミナー」で、三島池、西池、湖北水鳥公園と常喜のため池を回った時のことだ。

望遠鏡に瞳を輝かせて、一時間たっても席を離れようとしない女性たち。「まあ！　美しいカモ！　何というカモですか」「これは何を食べているのですか」「こんなに種類が交じっていても仲のよいこと！」矢つぎ早の質問に私の心もはずんでしまった。すっかり野鳥のとりこになってしまった一日であった。最期に交流センター三原所長さんの一言を紹介しよう。

「自然は何と美しい鳥たちをつくったものか。神の創造としか考えられん」

美しい湖国に住みながら、自然の恵みを感じていない日々。身近な森、林、野原、池や湖、小川や町の中の小さい青空にさえ美しい自然の恵みはいっぱいある。ただ言えることは、五感六感を自然に向けなければ、すばらしい自然の恵みに出合えないということである。

一位　水質汚濁、二位　オゾン層の破壊、三位　大気汚染、四位　森林破壊。学生たちに関心のある環境問題の順位だ。さすが湖辺の学生たち、水質への関心がダントツである。つまり「環境保全への環境倫理も環境行動も自然環境への関心、感動から始まる」と。

ジョウビタキ

10月の中頃になると家の周りにヒッヒッと細い声が往き来する。今年もジョウビタキが帰ってきて、冬の到来を告げているのである。私も家内も大の寒がり屋で、冬の到来をいまいましく思うのだが、ジョウビタキが帰ってくると窓を開けてその声を拍手で迎える。電線に止まったり、木の先に止まったりする目立ちたがり屋でもある。おまけにお礼をするように頭をていねいに下げ、尾を震わせながら上下によく振る。カタッカタッとかクルックルッとか鳴き声を変えるときもある。

その頃になると村のあちこちでヒッヒッの声に出会う。「うちのジョウビタキではないか」と、もうジョウビタキを家族の一員のように思ってしまう。

ジョウビタキは縄張り根性が強くヒッヒッとせわしく縄張りを見回っているのである。他の個体が入ってくるとすぐ追い払う。時には車のバックミラーに写った自分の姿を攻撃する。車のミラー付近が白い糞で汚れてしまうことさえある。

ジョウビタキは雄も雌も翼に半円形の白斑があってよく目立つ。「紋付き鳥」とも呼ばれるのはこの白斑が着物の家紋のように見えるからである。全長14㎝はスズメと同じ大きさなのだが尾が長いので大きく見える。雄は頭がシルバーで、喉は真黒、背は黒っぽくて白斑がある。下面はすべて赤褐色の美しい鳥である。雌は頭から背は灰褐色で腰から尾にかけては赤褐色、腹は淡い褐色である。

日本には冬鳥として渡来する。繁殖地は韓国やシベリアである。農耕地、川原、公園、家の庭、林やヨシ原などどこでも見られる。ルリビタキと違って明るい開けた場所を好むようである。

ジョウとは尉の意で翁《おきな》のことである。「尉と姥」といって結納のときの飾り物にしたり、正月用のめでたい掛軸にしたりもする。ジョウビタキの雄の頭がシルバーで尉の頭髪に似ているからこの名が付けられたのであろう。

あまり人を恐れない鳥で民家近くや市街地でも見られる。特に畑などを耕していると、人の近くで土の中から出てくる虫やミミズを食べに足元までやってくることがある。ほんとうに人なつこいかわいい鳥である。

ジョウビタキ

自分を忘れてほんとうのことを学ぶ

「ジュクジュク、ジェリージェリ、ツィーツィー、ギィギィ、ビービー」野鳥の群れが東から西へ尾根に登ってくる。息を凝らして待っていると目の前のコナラの枝に、シジュウカラ、エナガ、メジロ、コゲラ、ヤマガラ……（総称カラ類）の混群が舞う。冬、カラ類は一緒に群れをつくって生活している。

二十人、誰一人、声を出すものはいない。「わわ！」「やあ！」「あれー！」「うーん」と寝言のような声が漏れてくる。もう皆人間であることを忘れカラ類と一緒になって遊んでいる。

直径五センチばかりの松の幹をくりくり回りながらコゲラが登っていく。縞模様の羽が鮮やかに見え、小さい目が木漏れ日にきらりと光る。小さくともキツツキだ。カンカンカンと器用に幹をたたく。時折ギイギイと威勢をつける。メジロが頭上の枝を渡って行く。真白い目のリングがウグイス色の体によくはえる。時折、枝の下側にぶら下がるように、小さい指で枝をしっかり握っているのが見える。動くときは落ちてくるのではないかとひやりとする。シジュウカラのネクタイ、エナガの長いしっぽ、ヤマガラの赤い腹。自然は何と美しいチャーミングな鳥たちを作ったものだと感心する。

群れのしんがりが尾根を通過する頃、先頭が反転して今度は西から東へ戻り始めた。二十人の向きも自然と双眼鏡を目にあてたまま変わる。

その間三十分余り、群れが遠ざかってふと我に還った人たち。「わあ！すばらしかった」「美しかったなあ」と溜め息をつく。やっと受講生の人達は私のほうを向いてくれた。

平成元年十一月十日～十二日。二泊三日、栗東観察の森での自然観察講座の一コマである。六十人の受講生が二十人ずつ三班に分かれ、入れ替わり立ち替わり野鳥観察の実習をされるのである。その度ごとにカラの群れが尾根を行きつ戻りつしてくれ、講師にとっては全くラッキーであった。

観察、実習、ふれあい、なんていう言葉では物足りない。溶け込む、自然になりきる、人であることを忘れ野鳥と共に枝から枝へ飛び回っている感じである。

講師の私は受講生の皆さんに何も教える必要はない。野鳥たちが人を誘い、自分たちの仲間に入れてしまう。担当時間は一時間。最後に「時々山に入って楽しんで下さいよ。自然がちゃんと教えてくれますからね」とだけ言った。

人間、自分を忘れてそのものになり切ることによって、ほんとうのことを学ぶことができる。最高の教師は講師でなく、自然そのものである。

開発より環境保全に投資を

「冬は寒いので校庭にいっぱいの鳥がやってきます……」
「カワセミがいっぱい見られたらいいと思います……」
「世界には絶滅した鳥もたくさんいるんですね……」
「もっと鳥について口分田先生と話したかった……」
「一回琵琶湖へ行っていろいろの鳥を見たい……」
「先生は鳥に優しいおじいちゃんといった感じ……」
「えさ台、巣箱、カワセミの餌《え》付けやってみようと思います……」

平成二年（一九九〇）一月二十五日、甲南町立第三小学校の校内愛鳥発表会に招かれて、子どもたちやお父さん、お母さんに、私の話を聞いていただいた。数日後、子どもたちからかわいい手紙をたくさんもらった。これはその便りの一節である。一人ひとりに返事を書くのも本当に楽しかった。

第三小学校の校鳥は、カワセミである。地域ぐるみで歌われている「カワセミの歌」というのがある。

その一番の歌詞。

「見てごらん　小川に沿って矢のように　飛ぶはぼくらのカワセミだ　ルリの翼に赤い足　みんなと仲良しお友だち」

各学級でも学級の鳥が決まっている。そして毎年学年ごとのテーマを決めて愛鳥活動を続けている。発表会では一年から順に、「鳥の鳴き声」、「えさ台に来る鳥」、「カラスの生活」、「義勇山でのえさのやり方」、「浅野川周辺の野鳥観察」、「宮（学区旧村名）の鳥と食べ物」をテーマとして、発表が行われた。いずれも素晴らしかった。その子どもたちの熱心さに誘われて、えさ台のこと、シジュウカラの愛情物語、野鳥観察のことを話した。

こんな子どもたちが早く大きくなって、二十一世紀に活動してくれたらと、しみじみ思った。

鳥を護《まも》ることも、魚、蛍、森林や植物を護ることも方法は皆同じである。一言で言えば「生態系全体を保全する」ことだ。一つの物だけを保護することは保全にはならない。

開発も人の願いだし、環境保全もまた人の願いである。事実、今回の総選挙においても、どの候補者も同じ口から相矛盾するように思えるこの二つのことを叫んでいた。

もっとも、私は開発と保全とは相反するものではないと思っている。人間として、同じ願いである点で基本的に一致しているからである。問題は開発と環境保全とに、同じだけの資金を投じることができるかどうかということである。現実には、開発に大量の金をかけ、環境保全には少しの金しかかけていない。開発と保全は等価値であるのに……。

湖岸の開発、山の開発、一つの小さい河川や自宅の改修にしても同じである。行政や企業、産業、それに住民が環境保全のために高価な負担をしていかなければならない。この高負担をどう克服していくのか。これからの現実的な課題といえよう。

大阪南港に広大な野鳥園ができたように、環境保全にまず投資した後、開発に投資されなければならない。環境保全は「言うは易く行うは難し」ということはこの点にあるのだと思う。

「あすの鳥はあすの人間」。同じ運命をたどるわれわれの仲間なのだ。

二十一世紀は生命の時代である。

第五章

私のバードウォッチング

推奨、琵琶湖の春の探鳥地

春の野原は生気上昇中

「どこかへ連れてってほしい、と子どもがせがんだら、あなたはどこへ連れていきますか」。夏休み前に講話を依頼されたある幼稚園でお母さん方にこんなアンケートをお願いした。その結果、一位「スーパーマーケット」、二位「遊園地」、三位「親元」。「うーん、なるほど……」と、感じ入ってしまった。さて四位「琵琶湖」、五位「レストラン」だった。子どもたちとお母さんお父さんの楽しいはしゃぎ声が聞こえてくるようだ。

さて、春の大型連休はぜひ大自然とのふれあいを第一位にしてほしい。「目に青葉　山ホトトギス　初カツオ」と言うではないですか。ちょっと野原に体を移動させただけでもヒバリの歌が聞こえてくる。あの軽快なリズムを聞いていると思わず野原を駆け出したくなる。またちょっと山や湖岸のヨシ原をのぞいてみると、ウグイスが自分の美声に酔っているように夢中に鳴いている。ヒバリもウグイスも抱卵中なのだ。実は「ここは私の

三島池ビジターセンター（山東町）

縄張りです。だれも入ってはいけません」と懸命にテリトリソングを歌っているのである。この時期、大自然は生気上昇の真っただ中にあるのだ。
　車で遠くへ行かなくても近くの野原、山、川や湖辺へ行ってみよう。たくさんのいきいきした野鳥たちにきっと出合え、感動で胸が躍るにちがいない。
　最近は水鳥公園、野鳥の森、自然教室、観察の森や、ふれあいの里など各所に素晴らしい施設ができている。弁当と水筒、それにおやつを持って出掛けよう。お弁当の時間をはさんで半日くらいの計画でぜひ家族で出掛けてみてほしい。きっと素晴らしい自然が皆さんを待っていることだろう。

湖北湖岸は恋する鳥たちの楽園

湖北町水鳥公園付近は、冬にはたくさんの人でにぎわう。が、春になると静かになる。白鳥やガンが北へ帰ってしまうからだ。しかし、春にはいろいろの鳥が営巣、抱卵、育雛をはじめるので冬より感動が大きいといえよう。

湖岸林の頂上付近にいくつか枯れ枝が集まっているのが見つかる。大きい塊はトビ、少し小さい塊はカラスの巣である。よく見ると抱卵中の親鳥の頭や尾が新緑に見え隠れしている。観察センターの望遠鏡でのぞいてみると大きくはっきり見える。ついでに反対側の水田の方ものぞいてみよう。ユリカモメが耕運機の前後を飛び交い、起耕によって出てくる虫をねらっている。ケリがひらひらと飛んだり空中で騒いだりしている。冬鳥のツグミがまだ畦《あぜ》道を走り回っている。シギの群れが水田の中で見られるのもこの時期である。

センターを出て湖岸道路を歩くとウグイス、ホオジロ、カワラヒワが盛んにヨシ原で鳴いている。それにオオヨシキリの雄が遅れて到着する雌を自分のテリトリーに誘い込もうと懸命にPR合戦を始めている。ヒリリリ——とカイツブリももう一回めの抱卵に入っている。クックッとヨシ原の向こうから聞こえてくるのはオオバンで、営巣の準備中である。

センターから延勝寺海老江舟だまりまで約二・五キロ、途中で腰を下ろして残りカモを観察しよう。冬場はただ白くてスマートなだけのカンムリ

琵琶湖水鳥湿地センター（湖北町）

カイツブリが、ほんとうに冠をかぶったように姿、形、色彩がすっかりあでやかになって恋の季節を迎えている。
時間が許すなら、近くの山本山や小谷山に登ってみてほしい。そして鳥たちと一緒に琵琶湖の遠望と湖国の春を満喫しよう。

比叡山は山鳥の宝庫

県内で今まで記録されている野鳥は二百六十二種。陸の鳥、水の鳥ほぼ半々である。

なかでも比叡山は山の鳥の宝庫だ。昭和五年（一九三〇）「比叡山鳥類繁殖地」として国の天然記念物に指定されている。法灯の森として開山当初から多くの野鳥が住み着いたのだろう。最近はこの霊場も観光の森に変わり、車が天空を走っている。しかし比叡山はまだまだ広いお山なので、お参りをすませたら森の中を上り下りしてみよう。

坂本からケーブルに乗って山頂駅に着くと、視界が急に広がり、谷間を右に左に飛ぶコシアカツバメ、ヒガラ、シ

横川御廟あたり

ジュウカラのさえずりがあちこちから耳に入ってくる。ここを出発点として、探鳥コースは三つある。青竜寺コース、四明ケ獄コース、無動寺コース。どのコースも道標があるので迷うことはない。青竜寺コースの釈迦堂への途中には「比叡山自然教室」があり、季節の植物や野鳥の展示がしてある。付近の鳥の鳴き声の説明も係員がしてくれるので聞いてみよう。オオルリ、キセキレイ、イカル、ヤブサメ、ウグイスやサンショクイが鳴いている。サンショクイはヒリンヒリンとサンショを食べた感じの鳴き声だ。坂本から横川中堂の方へ行くと観光客も少なく、名刹への参拝とともに素晴らしいウオッチングができる。

また山に登らなくとも、長等公園から日吉神社など山麓の散策も大津ならではのコースだ。一、二時間も余暇があったら家に閉じこもっていないで子や孫たちと手をつないで歩いてみよう。緑や野鳥たちはすばらしい自然の恵みを与えてくれ、充実した一日をプレゼントしてくれることだろう。

コシアカツバメ

腰が赤いのでコシアカツバメと呼ばれている。日本で見られるツバメ科五種（イワツバメ、ショウドウツバメ、コシアカツバメ、リュウキュウツバメ、ツバメ）のうち腰が赤いのはこのツバメだけだから、すぐ見分けがつく。県内ではリュウキュウツバメ以外の４種を見ることができる。

イワツバメは高原のビルの軒に巣をつくるものが多いが近年、山に近いところでも営巣している。飛ぶと腰が白いのでよく目につく。春や秋によく見られる。

ショウドウツバメは、旅鳥で春、秋に県内を通過する。秋の渡りのころ電線にたくさん並んだり、ジュジュジュと鳴きながら群れで南下するのに出会うことが多い。尾が短く上面は褐色、下面は白色であるのですぐ区別がつく。

以前、コシアカツバメを見る格好の場所は比叡山の坂本ケーブルの頂上駅であった。ここにはとっくり型の巣が天井に並んでいてそこへ出入りする谷間のコシアカツバメを上からゆっくり見られ、腰の赤色も確認できた。

しかし最近では県下どこでも見られるようになった。それはコシアカツバメがコンクリートの天井に巣をつくるため、陸橋やマンションなどのコンクリートの建物が増えて営巣条件がよくなったためである。例えば私の家の近くにある米原駅の跨《こ》線橋の両側の天井には、このとっくり型の巣が30余りもある。また米原警察署の官舎の階段の天井にも巣を作っている。

コシアカツバメはどうも気が弱そうで、スズメに巣を乗っ取られるときもある。ひなを育てる途中で乗っ取られるときもある。スズメが乗っ取ったとっくり型の巣には、大抵、枯れ草やワラがだらしなく垂れ下がっている場合が多い。

またコシアカツバメが冬、南国に帰っている間、スズメが寝ぐらに利用してそのまま住みつく場合も多い。

住宅様式の変化に伴ってこれからも増えていく傾向にある。地方では巣の型から“とっくりつばめ”“あなつばめ”などとも呼ばれている。

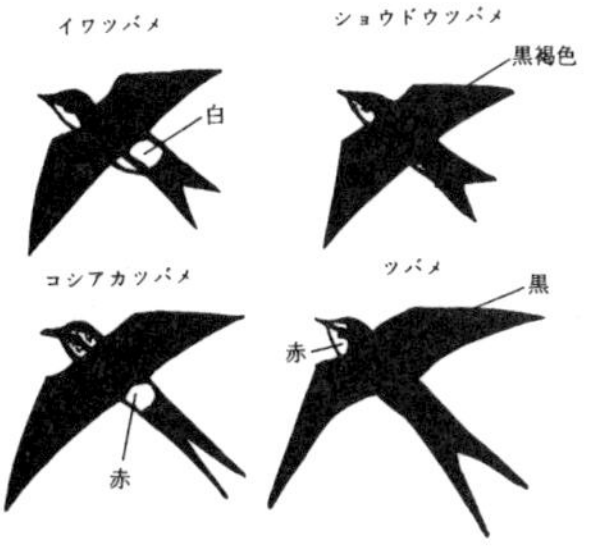

コシアカツバメ

湖西の麗湖の水の美しさは天下一品

琵琶湖の東側から湖西を眺めていると、湖岸からすぐに比叡、比良、野坂の山々がそび立っているように思える。一度あの山々に登ってみたいと思うのだが、あんな急な山に自分の力で登れるかどうか、心配にもなる。比良連峰へはびわ湖アルプスゴンドラで、また少し北にある比良リフトロープウェーで山頂まで約十分で登れる。野坂山地へは箱館山ロープウェーで登れるから心配は無用だ。そしてどのコースもウオッチングは山頂駅から始まる。例えば、びわ湖アルプスゴンドラは山頂駅から夫婦滝まで、比良リフトロープウェーは山頂駅から武奈ヶ岳まで、箱館山ロープウェーは淡海湖までと奥への楽しみが広がっている。どこも標識が完備しているから安心だが、天候が変わりやすい山々なので、よい天気の日に出かけてほしい。

淡海湖（処女湖）は、箱館山ロープウェー山頂駅からハイキングコースを歩いて約四十分ぐらいの所にある。人造のかんがい用水湖で、集水域が山頂なので水の美しいことは天下一品だ。その名の通り処女のように愛らしい山に囲

淡海湖（処女湖）

まれた麗しい池である。オシドリが多く、付近で繁殖している。春はウグイス、ホオジロ、シジュウカラやヤマガラがたくさん飛んでいる。初夏にはホトトギス、ツツドリをはじめオオルリやクロツグミの声も緑の山にこだまする。すぐ続きに平池という湿地があり、六月にはカキツバタが湿地一面に咲き、周りの木々にはモリアオガエルの白い泡のような卵塊がぶら下がる。処女湖や平池は貴重な滋賀県の財産である。

近くの朽木村にも、朝日の森、想い出の森やふれあいの森など、ウオッチングや森林浴それに野外スポーツができるふるさとの森がたくさんある。宿泊の施設もあり、光と緑、水と空気のパラダイスだ。

養鱒場から霊仙山は未開発の自然がいっぱい

快晴、快風、快緑、そして快水、こんな言葉があるとしたら、そんな場所があるとしたら、醒井養鱒場《ようそんじょ》、そして霊仙山だと私は思う。養鱒場は霊仙山登山の表玄関にあたる紅鱒《べにます》のふる里だ。普通はここを見学し、ここで会食をして

ホオジロ

平地から低山帯にかけての雑木林や草原はホオジロの天下だ。留鳥として年間ほぼ同一地域に生息している。

見かけはスズメに似た茶色系統の小鳥だが、スズメより茶褐色味は濃い。顔には白、黒のはっきりした線がとおり、強いコントラストを示している。ホオジロの名はこの白線がほおのところを白くしているために付けられた名前だろう。雄と雌はほぼ同模様だが、雄が鮮明な色彩をしているのに対し、雌は茶色が淡く、白黒部も不鮮明で、全体にぼやけた色相になっている。

春から夏の繁殖シーズンには琵琶湖畔から海抜1000m級の山地に至る広範囲に分布し、開けた明るい林や草原などを好み生活の場とする。巣は主に低木の地上1m程度の所につくるが、なかにはヒバリのように地上に営巣するものもある。この鳥の適応力の強さを示している。

秋から冬にかけては山地の雪と寒さを逃れるためか、平地の人家近くでも多く見られるようになる。また琵琶湖畔のヨシ原や雑木林にも群をなして多数集まるようになる。

ホオジロの鳴き声は、さえずりと地鳴きとに分けられるが、繁殖期は雄が枝先の目立つ場所で「縄張り宣言歌」を歌う。これがさえずりで、県下では3月に入ると本格的に歌い始める。

このさえずりを、人の言葉に置き換えて聞く方法に“聞きなし”があるがホオジロは「一筆啓上仕り候」とか「源平つつじ茶つつじ」と鳴いているとされている。しかし最近の若者には「サッポロラーメン　ミソラーメン」と聞こえているようだ。

野鳥のさえずりは最も派手な行動だが、一方の地鳴きは仲間同士の合図に使う言葉で、短く単純なものを数種類もっている。ホオジロの代表的な地鳴きは「チチッチチッ」である。バードウオッチングになれてくれば、地鳴きを聞くだけでホオジロを識別することが可能になるが、近縁種の冬鳥のカシラダカ、アオジなどもよく似ているので注意が必要である。

ホオジロ

醒ヶ井養鱒場入口、左の道を行くと雲仙登山道につながっている

終わってしまうのだが……。

養鱒場の東側には車が十分通れる林道が、谷川に沿って四、五キロメートル、今は廃村になってしまった榑《くれ》ケ畑まで続いている。時間が少しでもあったら一歩でも二歩でもこの林道を訪ねてみよう。両側に山がそびえ、観光地が一変して山気を醸し出す。時刻を見てUターンすればバスに遅れることはない。

向かいの山腹の緑の中からオオルリ、クロツグミやキビタキなど屈指の鳴鳥の声が響いてこだまする。特に廃村になった榑ケ畑は杉やブナの大木が生い茂り昼も薄暗い冷暗所。ここは県内でも数少なくなったサンコウチョウが見聞きできる貴重な場所だ。ツキヒホシホイホイの声を聞くとここまでやって来た疲れが喜びに変わる。

ここから本格的な霊仙登山道に入るのだが、当初から霊仙登山を目的とする方はここまで十分気をつけて車で来てもよいと思う。山頂まで二時間はたっぷりかかる。カッコウ、ホトトギス、ツツドリそれにジュウイチなどいろいろ

オオルリ

日本三鳴鳥の１種といわれている。数も比較的多く初夏の山地でよく出会える。ウグイス“ホーホケキョ”、イルカ“キーコーキー”、サンコウチョウ“月、日、星ホイホイ”といった、美声ですぐに覚えられる鳴き声を持っている野鳥は、人に親しまれやすいが、オオルリは美声だが、鳴き方が複雑で損をしている。

少し深まった谷沿いの一方が小さいがけになっているような所の凹地に巣をつくる。野鳥に気のない人なら見逃してしまうが、少し気のある者なら手に取れるような所の巣を見つけることができる。比叡山の一方が谷になっているような参道のがけに巣を見つけたことがあった。

オオルリは、名前の通り瑠璃《るり》色をした鳥である。よく似た色をして小さい鳥がコルリである。オオルリはスズメより少し大きい。背全体が美しい瑠璃色でのどから胸にかけて黒く、腹より下部は白色でコントラストがはっきりしている。雌は背が茶褐色でのどと腹が白く、胸は褐色。

鳴き声は“ピールリピールリピールリ”と美しい声で鳴き、終わりころに“ジェッジェッ”と濁った声で締めくくる。危険の迫ったときなどは雌も鳴く。

林道を歩いていて、谷側の木の梢《こずえ》が目の高さになるような所で鳴いてくれるとその姿がよく見える。口を空に向けて大きく開き、体を震わせて一生懸命に鳴く。山にきてオオルリに出会い、その絶唱を見、聞きすると、山に来てよかったとつくづく思う。

５月から６月にかけて谷川の流れの音を縫って谷間に美声を聞くことができる。

食物は主としてカミキリ、コガネムシ、カメムシなどの昆虫である。ひなを雌雄で育てる。

オオルリ（写真／岡田登美男氏）

の山の鳥に出合えるだろう。しかし、天候を考えると、汗ふき峠か見晴らし台で引き返すことを忘れてはならない。

汗ふき峠から落合経由で多賀の風穴や芹川の上流に出られる。このコースも野鳥の多いコースだ。未開発の自然の恵みをしみじみと感じることができる。

湖東のダムには幽谷の鳥ヤマセミも

ダム湖のバードウォッチングは、起点まで車で行け、そこから歩いてぐるっと回り、元の起点に戻れるのが一番都合がよい。それに山あり、渓流あり、広い水面もあって美しい景色が刻々変化してゆけば、いつも新鮮なウオッチングができる。そのうえ、鳥や獣、カエルや魚、昆虫や色とりどりの花などが次々に出てくれば、胸がときめくウオッチングになる。そんなよい場所がこの世にあるのだろうか。あるのだ。それは鈴鹿山脈の山すそに点在するダム湖である。

湖東には、北から多賀の芹川ダム（野鳥の森）、犬上ダム（オシドリの里）、宇曽川ダム、永源寺ダム、日野川ダムなど、ダム湖がたくさんある。

多くの、かわいい命を育む、美しい犬上ダム

ダムは周回道路が整備されているし、案内標示も各所に設置されているので迷うことはない。見晴らしのよい所で弁当を食べ、新緑を腹にまで染み込ませ、半日ぐらいかけてゆっくり回ってみよう。

犬上ダムは分校問題で一躍有名になった多賀町萱原《かいはら》にある。オシドリが二〇〇羽以上も集まるからすごい。湖面に勢ぞろいすることもある。もう一つのここでの楽しみはヤマセミだ。ハトぐらいの大きさだが冠毛を逆立てているので大きく見える。

ヤマセミは白黒まだら模様の幽谷の鳥である。山の緑、水の碧に映えてわれを忘れて見つめる鳥であり、上手にダイビングして魚を捕らえる鳥である。そのほか、シジュウカラ、ヤマガラ、コゲラやアカゲラなど山の鳥たちもたくさん鳴いている。湖周道路の左右に四季折々の花が咲いている。マンサクやタニウツギの美しい所である。

一つのダムを楽しむと、次々とダム巡りがしたくなる。ダム湖は四季折々のよさがあるから何回も行ってみてほしい。

アカゲラ

早春の原生樹林、ミズナラやブナの新緑はまだ先のことである。残雪を楽しみながら登って行く私の耳に遠くの方から“コン、コン、コロロロ……”とキツツキの木をたたく音が聞こえてきた。

年中、同じ森に生息するキツツキの仲間は繁殖シーズンが比較的早く、もう求愛行動の“ドラミング”を始めていたのだ。

県内に生息するキツツキの仲間は、オオアカゲラ、アカゲラ、アオゲラ、コゲラの４種類で、いずれも留鳥として年間ほぼ同一地域で生活している。オオアカゲラとアカゲラは生息環境が近いうえ、姿もよく似ていて識別が難しい。どちらも黒と白のまだら模様、下腹部が紅赤色で美しく、鳴き声もよく似ていて区別がつきにくい。

しかし他のキツツキとはすぐに識別することができるので、アオゲラは緑色で、ひと目でそれと分かる。コゲラはスズメぐらいだから区別がつきやすい。

アカゲラは冬期、山ろくの雑木林で見かけることもあるが、年間ほとんど山地の林に生息する。広葉樹林帯を好み、枯れ木や老木に住む昆虫などを食べている。一般の鳥のように繁殖シーズンに名調子で歌うことができないので、その代わりに枯れ木をたたいて森のドラマーの役をする。

自分の縄張りの中からよく響く木を探しておき、早朝からこの木をたたいて縄張りと求愛の宣言を行う。遠くからだと「タラララララ……」とか「コロロロロ……」と聞こえるが、近くでは「ゴゴゴゴゴ……」とものすごく大きな音である。くちばしと頭の方は大丈夫なのか心配になる。巣は木の太い幹に自分で穴を掘ってつくる。私はアカゲラの観察をするために、隠れ家をつくって一日中潜んでいたことがある。

アカゲラ

巣の中にはひなが4羽。時々、巣穴から顔が見える。親鳥は雄、雌交互に20分おきぐらいに餌を運んでくる。かなり警戒心が強く私は息を殺して見守った。

夕刻、親鳥が激しく騒いだ。外敵の襲撃か……。巣穴の上の方に何かがいる。親鳥は気が狂ったように樹の周りを回り、巣に近づけないようにした。もう１羽が敵と応戦している様子である。しばらく騒ぎが続いたが、ついに敵は樹を走りおりて逃げた。この騒ぎの相手はリスであった。

身をていしてひなを守る親鳥の姿に、いまも感動を覚えている。

湖東三山や多賀・押立神社もよい探鳥地だ。お参りのときちょっと気をつけてみよう。

湖南のヨシ原は生きた生物博物館

湖南は日本有数の地価上昇地域である。滋賀県が湖南を中心に発展しているのだろうが、その裏では自然が少なくなっていることを物語っているのだ。都市化で最も大切なのは各所に広い自然のかたまりを残しておくことである。湖南のバードウオッチングはどうしても「人と野鳥の共生」がテーマになる。家族でウオッチングしながらみんなの意見を出し合ってみよう。

近江八幡市の西の湖周辺には広大なヨシ原が残っている。水郷めぐり、よし笛道路が皆さんを待っている。新野洲川下流の河川敷はヨシ原と河原の野鳥でいっぱいだ。琵琶湖博物館のある草津市の烏丸半島も南湖周辺唯一の広いヨシ原が残っている。県民あげてヨシ原に関心を向けよう。その手始めはヨシ原に出かけることである。

烏丸半島下物《おろしも》のヨシ原は日本唯一のサンカノゴイの繁殖地だ。ボォーウ、

草津市下物《おろしも》のヨシ原

ボォーウとウシガエルのような声が聞こえたらサンカノゴイ、オーオーと犬の遠ぼえのような声はヨシゴイで、このヨシ原でかなり繁殖している。またヨシ原の王者チュウヒ（タカ類）も繁殖している。ここはヨシ原の生きた博物公園なのだ。いろんな水鳥、水辺の鳥も鳴いている。平成二年（一九九〇）六月、レンカクという日本での珍鳥が飛来したのもこのヨシ原（蓮原）である。

湖北、湖西の湖岸にも湖周道路ができて、ヨシ原が細長くなってしまったが、まだ残っている。河口や内陸の池沼、内湖にも小さいヨシ原が残っている。五月はまだヨシの緑が短いが、ハイキングや、フィッシングをしながらヨシ原の恵みを授かってもらいたい。

竹生島は野鳥の楽園

緑の竹生島は野鳥の楽園でもある。サギの巨大なコロニー（集団営巣地）があるのだが、最近このコロニーにカワウが割り込み勢力を伸ばしている。カワウのコロニーは全国で五、六

サンカノゴイ

サンカノゴイについていろいろの鳥類図鑑を調べてみるのだが、どうも腑《ふ》に落ちない部分がある。「北海道では夏鳥、本州以南では冬期に記録されているが数が少ない」と書かれている。繁殖（営巣、産卵、育雛）について書かれているが、日本のどこで繁殖しているか書いている図鑑はない。腑に落ちない部分はここである。

しかし私たち滋賀県野鳥の会が編集した「滋賀県探鳥地百選　探鳥地ガイドブック」（平成7年滋賀県自然保護財団発行）69「下物（おもしろ）烏丸岬」の項を読むと腑に落ちる。

「1983年春、ブーウブーウと独特の声で鳴くサンカノゴイの生息が確認された。どうしたことかこの下物には約10羽が1年中生息し巣作り、繁殖に励んでいる」とある。サンカノゴイの日本初の繁殖確認を会員の岡田さんたちのグループが行ったのである。草津市下物の広大なヨシ帯を分断するように湖周道路が通り、烏丸半島には巨大な琵琶湖博物館が建設され、静かな湖辺が騒音の湖辺と化した。サンカノゴイは静かな広大なヨシ原が好きなのである。

サンカノゴイは別名ヤマサギ、ヤマカワゴイ、ヤマゴイと呼ばれるように人里離れた山家に棲むゴイサギであることからこの名が付けられたと言われている。

全長68㎝はゴイサギの58㎝より一周り大きくアオサギの93㎝よりかなり小さく、希少種のチュウサギ68㎝と同じ大きさである。ずんぐりした形をしているが、敵が近づくとうんと首を伸ばして正面向いて静止すると実に大きく見える。体は全身黄褐色で全身に複雑な黒い斑紋があり、首には黒い縦じま模様がある。口ばしは太くて長く先がとがっている。魚が主食だがネズミ、カエル、イモリ、エビや水生昆虫も食べるという。

サンカノゴイ（写真／岡田登美男氏）

ブーウブーウとウシガエルによく似た低くてよく通る声で鳴く。この声で現在も下物のサンカノゴイが健在であることが分かる。しかし環境大変化のためだんだん元気がなくなっている。ハスがヨシ原を次第に占拠しつつあることも心配の一つである。

カ所しかない貴重なものだが、そのふんで島の北壁のタブ林を枯らしてしまうのではないかと心配されている。島内を散策しているとカワウやいろいろなサギを上から見ることができる。ヤマガラ、シジュウカラやキツツキも多い島である。

多景島は隣の沖の白石とともに琵琶湖の宝石だ。この島ではカルガモがかなり繁殖しているようである。

沖の島は巨大な島でトビの多い所だ。トビに交じってハヤブサやミサゴが出るときがある。メジロやカラ類も多く見られる。一日ゆっくり島を回ってみたいといつも思っている。

矢橋の帰帆島はだいぶ整備されて野鳥が少なくなってしまった。この人工島ができたころ、ムラサキサギやツバメチドリなど県内初記録の野鳥がやってきた。荒れ地にはコアジサシが地上にたくさん巣を作り抱卵していた。今でも島内を一周するとヨシ原のカイツブリ、バンやオオバンをはじめケリ、コアジサシ、チドリやセキレイに出合える。

琵琶湖岸はどこを歩いても楽しい。中でも奥琵琶湖パークウエーのある葛籠尾《つづらお》半島は静かで水の最も美しいコースだ。長浜港周辺、彦根新海浜、

多景島

近江八幡宮ヶ浜など琵琶湖ウオッチングによい。膳所公園から瀬田川を渡り近江大橋を回るコースも、街路樹や波打ち際の石の間などで結構いろいろな鳥に出合え、車の騒音を忘れさせてくれる。湖西にも多くの湖岸コースがあり、新旭から今津にかけてのヨシ原、湖岸林も琵琶湖ウオッチングに欠かせない場所といえよう。

「百聞は一見にしかず」で、短い時間でも利用してウオッチングに出掛けてみよう。

オオバン

オオバンはクイナ科の水鳥で大きさはコガモ程度。全身真っ黒でくちばしと額だけが白い。体形は丸みを帯び、水面を遊泳していることが多い。雌雄は同色でまったく見分けることができない。ヨシ帯で囲まれた、水のよどんだような場所を好み、岸にあがるのは休息するためと羽毛を乾かすときである。丸い体形と水上生活者となれば潜水が得手と考えられるが、体が軽すぎて深く潜ることができない。

オオバンは古い鳥類図鑑によると、日本では北海道や本州中部以北で繁殖し、南限は千葉県となっている。冬季は中国南部やフィリピンなどに渡るが、西日本には少数滞留するとされている。ところが琵琶湖では15年ほど前から年々、越夏個体が増え続け、時には100羽程度の群れが見られるようになった。こうして10年ほど前から琵琶湖でオオバンが繁殖するようになった。

最近では、広いヨシ帯のあるところでは普通にオオバンが繁殖している。近年、絶滅が心配されている動植物が多いなかで、生息分布を拡大している貴重な種といえる。しかし広大な琵琶湖と茂ったヨシ原に守られて生きられるのであり、ヨシ原の保全とオオバンの保護は直接的につながっている。

オオバン

私のバードウオッチングあれこれ

野鳥もわが家族

私は毎朝カーテン越しに紙障子がうっすらと白くなるころ、野鳥たちに起こされる。とりわけスズメはえさをせがむようにせわしく鳴くから、床にじっとしておられなくなる。畑の南側に三代目の古びたえさ台がある。私の子どもたちが家にいたころは、えさ当番は子どもたちの仕事であったが、成人して三人とも家を離れてしまったので、私が万年当番になってしまった。

私の家は少々農業をしているのでくず米が残る。それにパンくず、残飯、まんじゅう、お菓子やミカンやリンゴなどを置いてやる。スズメ、ヒヨドリ、カワラヒワ、ツグミなどが集まってきてにぎやかである。えさを赤いプラスチックのバットに入れて持っていくと、柿《かき》の木の葉陰にスズメたちが鳴くのをこらえて待っているのがよく分かる。あわてん坊はチョンチョンと声をあげてしまうほど純情である。えさをいっぱいえさ台に入れて数メートル離れると、えさ台はスズメでいっぱいになる。

それに家の軒下にムクドリが巣を懸けた。ムクドリは警戒心が強く、人がテリトリー内に入いると親鳥は巣に戻らない。巣の在りかを察知されないようにしているのである。しかし巣のある板囲いの入り口には長いわらがぶら下がっているし、フンの白い筋が何本もついているから巣の在りかはだれにでもすぐ分かる。ムクドリはそこまで気がつかないらしい。

ひながかえると、口いっぱいに虫やミミズをくわえて運ぶ。人が見ていると、屋根の棟や電線に止まっていらいらしている。あっちを向いたり、尾を動かしたり、おまけにギャーギャーとにごった警戒鳴きをする。しかし、えさを口から落としたところを見たことがない。親が付近にいるとひなたちはやかましいほどえさをせがむ。親がせっかく巣の在りかをカムフラージュしようとしているのに、スピーカーのように鳴き続ける。巣の下を通るのがムクドリにすまないような気がする。

それに今年は、庭に掛けた巣箱でシジュウカラがハネムーンを楽しんだ。三つ掛けたのだが、スモモに掛けた南向きの巣箱が愛の巣に選ばれた。毎朝、巣箱に出入りするシジュウカラを見ながらご飯を食べる。時には雌雄

えさ台に鳥がきているところ。糸が張ってあるのはドバトよけ

とも巣箱に入る。スズメが飛び込んであわてて出てくることもある。

強い風で巣箱がふらふらになったので、しばり直しに上がった。そっと上ぶたを開けてのぞいたらしっかりと卵を抱いていた。手荒く動かしてしばり直しをしているのに逃げなかった。ほんとうに抱きしめてやりたい感じである。

シジュウカラは早起きだ。雄が電線に止まってツーピー、ツーピーとテリトリーソングを歌う。ひなが大きくなるにつれてえさ運びが忙しいのかツーピーが少なくなる。無事六月中ごろに巣立ってほっとした。

コゲラが枯れた柿の木に巣穴を掘った。ポロポロと下のフキの大きい葉っぱに、木くずが落ちる音が続いた。しかし、連れ合いが来てくれなかったのか、さびしそうであった。連れ合いの来てくれるのを祈ってやったのだが、結婚式は挙げられなかったようであった。

田んぼの苗が三〇センチメートルくらい伸び、新緑のもえ黄が緑に変わるころ、家の周りは静かになった。ひなたちが巣立ったのである。

シジュウカラ

山麓の春はシジュウカラの鳴き声で始まる。新緑にはまだ早いコナラのこずえで「ツーペ、ツーペ、ツーペ……」と声を張り上げている。カラ類と呼ばれているシジュウカラの仲間には、ヒガラ、コガラ、ヤマガラ、エナガなどがいる。その代表格がシジュウカラで、大きさはスズメぐらい。背面が青灰色、腹面は白。黒の“ネクタイ”をしているのが特徴。

シジュウカラは、年間を通してほぼ一定の地域に生息する留鳥だが、初夏の繁殖期には山間部に移り、秋から冬は群れをつくって山ろくへ漂行する。このため市街地の庭木などでも見られるようになる。

シジュウカラはまた、巣箱をよく利用する鳥で、冬は寝ぐらに、繁殖期には巣をつくりひなを育てるのによく利用する。本来、シジュウカラは、樹洞を利用して巣を構えていたと考えられるが、山間部に構造物が建てられるようになったのに従い、いろいろな構造物を利用するようになってきた。

比叡山では参道に並んでいる灯ろうの内に多数巣づくりしているし、寺のつり鐘や石垣の間もよく利用している。一方、比叡山自然教室では、軒下に毎年、４個ぐらいの巣箱をつけているが、100%の入居率だそうだ。この自然教室のガラス戸越しに親鳥がひなを育てる様子を見せてもらったことがある。親鳥がせわしく青虫を運んだり、周辺を警戒したり、一生懸命な姿に感動させられた。

シジュウカラの餌は主に昆虫類。特に繁殖期にはひなの分も合わせて大量の毛虫、青虫を捕食し、樹林の防虫に一役買っている。秋から冬にかけては昆虫が少なくなるので木の実をよく食べる。この季節は人家付近にもやってくるので、給餌台をつくってやると庭先で鳥を見ることができる。

給餌台の餌はピーナツ、麻の実、ブタの脂身などが一般の成功例だ。

シジュウカラ

がんばれ！　水鳥の親子

「おはよう。みんな元気かい」。新緑をくぐって池にさし込む光線は黄緑色だ。グエッグエッ、クワックワッ、ヒリヒリと三島池の水鳥たちは早朝からはしゃいでいた。波紋と波紋が重なりあって、逆さ伊吹も東西、南北、縦横に揺れ、刻々にその姿を変えていく。さわやかな朝だった。

バンの親鳥が池から上陸して頭から草むらに突っ込む。やがてミミズをくわえて急いで池に戻る。スズメより小さいけれどちゃんと額が赤くなっている真っ黒のひなたち五羽が、水際まで親を迎えに来ている。ミズスマシのように水面を上手に泳ぎ回っていた。

そのときマガモの一団が騒ぎながら三島池から北にある小さい女溜《おんなだめ》にパレードしてきた。雄七羽、雌一羽。手すりのある木橋の下をくぐって進む。女溜へ入るところに高さ二〇センチメートルばかりの滝がある。みんなひょいひょいと羽ばたいて乗り越えて行く。

「あれっ⁉　子ガモが三羽いるぞ」。子ガモは滝水を頭からかぶりながら小さい滝に挑んでいた。親が盛んに呼んでいる。滝の東端の小さい階段を

マガモの親子（１羽はアルビノ）（1998.6）

見つけて、やっとのことで三羽が一列に並んで滝を登った。

　女溜はキショウブが満開で、鏡のような水面に緑と黄が実物より鮮やかに映っていた。親が首を伸ばしてキショウブの花びらをついばんだ。スズメくらいの子ガモも精いっぱい飛びついて花びらを食べた。すばらしい朝食だ。

「ガバッ、ガバッ」。急に黄金のニシキゴイが大きい口を開けて子ガモに飛びかかった。「危ないっ」。思わず私は走り寄った。母鳥がとっさにコイに襲いかかる。周りの雄に「しっかりしろよ」と声をかけた。

　三島池の方からヒリヒリ、ピッピッとカイツブリの親子の鳴き交わしが聞こえてきた。だいぶ大きくなったカイツブリのひなはもう親から数十メートル離れて盛んに潜水のトレーニングをしていた。二羽が育っていたのだ。

　平成七年（一九九七）の春は、「グリーンパーク山東」のオープンを祝ってか、水鳥たちのおめでたが続いた。うれしいことである。子育てに夢中の水鳥たち、私の足下を往《い》き来し、は

オオヨシキリ

湖辺のヨシ原を歩くとあちこちから“ギョギョシ、ギョギョシ、ケケシ、ケケシ、チカチカ”と早口の濁った大きな声を耳にする。あんなに大声で、お世辞でもよい声とはいえないのに、恥ずかしがらずによくも絶叫できるものだと思うくらいである。別名ヨシワラスズメといい、早口でしゃべりまくる人のことをヨシワラスズメというが、まさにそんな感じのする水辺の鳥である。

4月下旬ごろ湖辺にやってくる。そのころはまだヨシが伸びていないので、枯れたヨシやハンノキに止まって鳴いている。ヨシが伸び、ヨシ原が緑に揺れ始めると数本の茎にまたがって巣をかける。巣材を茎に巻き付けてつくるので風にヨシが揺れてもずり落ちないようになっている。

最近、カッコウの声を湖岸でよく聞くという人があるが、これはオオヨシキリの巣にカッコウが託卵するからである。オオヨシキリのように繁殖期になると、昼も夜も縄張り宣言のため鳴き続けるので、巣のありかをカッコウに教えているようなものである。かわいそうに自分の卵はカッコウに追い出され、見ず知らずのカッコウの卵を抱き、ひなを育てるはめになる。

体はスズメよりかなり大きい。コヨシキリはスズメより小さい。体の上面はオリーブ色をした褐色、腰と上尾筒は少し薄い。眉斑は白で胸側から脇にかけて茶褐色、下面は黄白色で、ヨシの茂みの色によく似ていて見つけにくい。ほとんど姿を見せないでヨシの中で鳴く。しかし目立ちたがり屋の個体がいて、いつも決まった場所、電線、木の枝などで人が近づいても、大きい口を開けて口の中のだいだい色を見せながら無心に鳴き続けるものがいる。ヨシ原の昆虫を主として食べ、時にはカエルやカタツムリも食べる。

オオヨシキリ

しゃぎ回っていた。私の存在は全く眼中にないのだ。しかし、ヘビ、カラス、トビ、アオサギ、それにイヌやネコなど天敵がいっぱい狙っている。「気をつけろよ」と声をかけたが知らぬ顔であった。

三島池浚渫《しゅんせつ》工事のとき、女溜に残してもらった小さいヨシ群落が濃密に生長していた。それに植栽のマコモ、フトイ、ガマやキショウブもよく育って、女溜は水鳥たちのゆりかごになっていたのだ。しかし、まだオオヨシキリは帰って来ていなかった。それなのにオオヨシキリに託卵するカッコウやホトトギスの声が周りの山々から池に届いていた。オオヨシキリの里帰りを促すように。

「おめでとう水鳥たち。気をつけてがんばれよ！　水鳥の親子」

北の使者、ユリカモメに出会うころ

九月に入り日が短くなって、朝夕の冷気が気持ちよく感じられるころになると、私の体に渡り鳥と同じホルモンがめぐってきて、渡来する水鳥を訪ね、湖岸や池沼をさまようようになる。

十月の始め南湖はまだ日差しが強い。浜大津から瀬田の唐橋まで湖岸を

ユリカモメ

ユリカモメは、どこにいてもそこの景色によく似合う“八方美人”だ。その白さとくちばしと足の鮮やかな赤色が青や緑によく映える。俗に都鳥といわれるのもその優雅さからきたのだろうか。ユリは一般に山に咲く花だが、このユリカモメは、湖か湖に近い川や池で見られる。山地に行くことはまずないが、その姿はまさにユリである。

琵琶湖で近年多くなった水鳥の1つで、京都の鴨川も有名である。全長40cmぐらいでカラスよりやや小さい。琵琶湖付近で見られるのは冬羽が多い。冬羽は目の後ろに目と同じくらいの黒褐色の斑点がある。くちばしと足の両方とも美しい赤色をしている鳥はこのユリカモメしかいない。

外側の羽の先端が黒いので翼を休めている時は、尾の先が黒いように見える。背中は淡い青灰色で他の部分は純白である。琵琶湖で見られるカモメの90%以上はユリカモメである。飛んでいる時、扇型の尾は白色であるが、若鳥は先端に黒い帯が入る。夏羽は頭が真っ黒になるので別種かと思われるくらいである。

春4月ごろ、頭の黒いユリカモメが群れの中にポツポツと見られるようになる。北へ帰るのも他の冬鳥に比べて遅く、5月の田植えのころになってもたくさん水田で見られる。田起こしが始まり、昆虫や魚が水田で捕りやすくなると湖や川から水田へ移る。

秋9月早々、もう琵琶湖へ帰ってくるせっかちの個体もいる。いつの間に北で卵を産み、ひなを育てるのか不思議に思われる。北海道では夏残るものもいるそうである。カムチャッカ、サハリン、シベリア南部、中国北部で繁殖しているのだから比較的日本に近いためだろうか。

ユリカモメはすぐに人に慣れる。これくらい人にすぐ慣れる野鳥も少ない。パンくずやエビせんべいなど水面に浮かぶ物を投げると間違いなく集まってくる。魚や昆虫を主に食べるが、人間の食べ残しが流れてくる排水口には群れをなし、残飯をあさる。琵琶湖にユリカモメが増えたからといって喜べない。

ユリカモメ

性格は大変強引で、カモやカイツブリが苦労して捕ってきた小魚を上空から見ていてすばやくきりもみ状に降りてきて横取りしてしまう。“ギューイ、ギューイ”とよく鳴き大群だとやかましいくらいである。琵琶湖周辺どこにでも見られる。

ゆっくり歩く。まだカモたちの姿は見えないが時折ユリカモメに出合う。頭を真っ黒に染めて恋人といそいそと北の国へ渡って行ったユリカモメ。もうすっかり白い頭になって帰ってきている。

十月の湖北の湖はもう冬鳥でいっぱいである。今夏、浅井町の西池の一部が艇庫建設のために埋め立てられた。警戒心の強いヒシクイが池に戻って来てくれるかどうか心配であったので、真っ先に西池へ走った。「ヒシクイがいるいる！」と家内が大声をあげた。プロミナを用意している間に、双眼鏡で私より先に見つけてしまったのである。

巨大なヒシクイが六羽、両翼を広げると一五〇～一六〇センチメートル、体重五キログラム近い大きい身体を羽ばたいて体をゆさぶっていた。クワーンクワーンと、鶴《つる》のような鳴き声が耳にしみてうれしかった。オシドリが五十羽、ルビーのように輝いて見えた。コガモが百五十羽。翼鏡の新鮮な緑色が池に映ってまばゆいばかりであった。

尾上、早崎の湖上はもう数えきれないほどの冬の使者でいっぱいであった。ヒドリガモの群れを一羽一羽プロミナで確かめながら、視線を北から南へ動かして行くと、オナガガモ、オカヨシガモがほんの少し交じっていた。カンムリカイツブリが一羽、繁殖羽のカンムリをかぶったまま、長い首を垂直に立ててきょろきょろしていた。冬鳥のじゅうたんの上をツバメが別れのあいさつをするかのように、ツバメ返しを繰り返していた。姉川の河口にはユリカモメと白サギが千羽、そ上してくるアユを狙っていた。

長浜港にはまだ冬の使者は到着していなかった。「秋は夕日が美しい」と古人は言ったが、夕日を楽しむ気になるのも、還暦を迎えたせいであろうか。しかし、よく見ると、アベックも釣り人もしばし夕日に見とれているではないか。湖にきらめく火柱が湖西から足元まで伸び、やがてその火柱がだんだん太くなり、薄くなり、ついに消えると、人々はわれに返ったように、大きなため息を残して家路に急ぎはじめた。

夕焼けの赤が全天に広がり、湖面が火の海になるのは日没後である。こんな美しい琵琶湖を見ないで帰ってしまった人を、もう一度呼び戻したい気になった。

うろこ雲の出っ張りだけが赤く塗られ、さながら生きたタイのように見えるのは、さらにその後である。伊吹山が紫にかすみ、琵琶湖も紫になるころ、街の青い火、赤い灯が湖面にゆらぎはじめる。人々は湖から街へ誘われて行く。湖北の初冬が南湖まで伝わっていくのには、一カ月半はかかるであろうか。カモが帰北する春も、南湖は一カ月早い。湖北は冬鳥と長くつき合えて楽しい。こんな琵琶湖をいつまでも残したい。

ハマシギの詩

昭和六十年（一九八五）の年末に、湖北町の今西の浜へ鳥を見に行った。珍鳥ハイイロガンが来ているというのである。重い望遠レンズを家内と二人で携えながら足早に湖岸を廻ったが、ヒシクイ（ガン）の群れさえ見つからなかった。そのとき湖岸に、ハマシギの三十羽ほどの群れを見つけた。午後の日に、手のひらを返したり元に戻したりするように、羽裏の白さをときどき見せながら、低空を滑るように舞っている。天野川のハマシギの群れではないだろうか、と直感した。

天野川尻は今舟溜りと公園の工事が進められている。天野川尻の石原に、ハマシギが移って来たのはもう七、八年前のことだ。ハマシギはこの石原が大へん気に入ったのか、いつも群れていた。工事とともにその姿が見えなくなり心配していたところだった。

ハマシギ

ハマシギは名前の通り湖畔に生活するシギである。シギは一般に旅鳥（春は北へ、秋は南へ移動し、日本ではその時期、通過するだけの野鳥）であるが、ハマシギは湖畔で多く越冬している。

河口の三角州や川岸に30羽から50羽くらいの群れをなしているので、見つけやすい。

ハマシギは、全長20㎝余りで、ツグミよりやや小さい。夏羽には腹部に大きい黒色斑があるので見分けやすいが、冬羽はあまり目立たない。冬羽は正面は灰褐色で腹面は白い。くちばしや足は黒い。くちばしは比較的長く、わずかに下に曲がっている。それよりも、湖畔で数十羽のシギの群れをみつけたらハマシギである。

群れは休むときも、餌をとるときも、飛ぶときも、いつも一緒である。歩くときや餌をとるときは首を縮めてネコ背形である。飛ぶときは一直線に進まず、よく旋回を繰り返す。そのとき、翼の裏と腹面の白さがきらっと光る。湖面すれすれに旋回するので、間もなくもとの灰褐色に戻り、またきらっと光って見える。その白さが静かな湖面に映ることがある。

北風の強いときは、風に向かってじっとしているが、先頭のハマシギが舞い上がって群れの後に移動し風を避ける。先頭になったものが次々と群れの後につく。したがって群れの位置はだんだん後退していく。

ハマシギ

北海道では旅鳥であるが、本州中部以南では冬鳥といった方がいい。シベリア北部で繁殖する。“ジュール、ジュリー”と濁った鳴き声である。貝、昆虫、クモやエビ、カニなどを食べる。

この群れは、もともと長浜港の砂地に安住していた。長浜港が浚渫《しゅんせつ》され広い砂地ができていた。その中にできた水たまりでは、ハマシギの群れがユリカモメやシロチドリと共に遊んでいた。足を交互に動かしてせわしく歩き廻ったり、ときには北風に向かって体を寄せあっている群れを見たこともあった。車の中から視ていると五メートルくらいの距離まで平気で近寄ってきた。「よい遊び場ができてよかったね」と声をかけたこともあった。しかし、間もなく長浜港はコンクリートで固められてしまった。そこでこのハマシギ一家は天野川尻を安住の地ときめて引っ越してきたのだろう。

今西の浜も湖周道路の建設が進められ、ヨシ原が道の下に消えた。ハマシギ一家は間もなくコンクリートで固められるのも知らずに、その日も明るい詩を歌っていた。

雪が解けると春になる

「雪が解けると何になりますか」「はい！　春になります」――この発想の奇抜さを激賞した大臣もあったという。実は私もその子の自由な思考に感じ入った一人であった。しかし、よく考えてみると、雪国の子どもの春を待つせつなさへの思いやりが足らなかったのではないかと思うようになった。今年ほど、この純な子どもの気持ちに共感した年はなかった。

「雪が解けると忙しくなる。芽が出る。鳥が鳴く。空が美しくなる。日なたぼっこができる。試験日、卒業、入社式が近づく。愛する人と一緒になれる」人それぞれの思いで雪解けを待つ。

「今夜半から大雪になります」。そんな天気予報の朝は外を覗《のぞ》くのがおっくうである。そっと雨戸のすき間から祈るように目を走らせる。「わっ！大雪だ」。身支度を整えて外に飛び出す。もう隣の家は除雪を終えている。私の家の分担区域だけに、ぶ厚い白帯のように雪が残っている。すでに車の跡が二本続いている。「遅くなってすみません」と、つぶやきながら雪の降りしきる中を家内とスコップを動かす。

次は屋敷内のライフラインの除雪である。郵便、牛乳受け、コンポスト、ゴミ焼却場までの通り路《みち》である。朝食後は第二のライフラインと屋敷内のあちこちに設置している給餌《きゅうじ》台へ野鳥のえさを運ぶ小路の除雪である。スズメ、ヒヨドリ、ドバトが口やかましく待っているのだ。

今年は冬の鳥がほんとうに少ない。雪が降ると、例年一斉になくなって

雪解けを待つ三島池のカモの群れ

しまうピラカンサ、ナンテン、ウメモドキの赤い実が、今年は雪が解けてもたくさん残っている。探鳥会で山に行っても、ソヨゴ、モチノキ、サルトリイバラの赤い実が、野鳥が食べに来てくれるのをもどかしそうに待っているのだ。鳥が少ないのである。雪が解けて春になるのを心待ちにしているのは、人間だけではなさそうである。

太平洋側の都会では五〜一〇センチメートルの積雪で、電車がストップしたりハイウエィが通行止めになる。滑ってけがをする人が続出というニュースを聞くと、雪国の人々はけげんそうな顔をする。雪国では五〇センチメートルいや一メートルの雪が積もっても、さほどニュースの種にならないからである。

湖北地方の大雪は巨大な天然ダムの役割を果たすので、今年の琵琶湖の水量は心配ないだろう。そのうえ雪解けの重い冷水が湖底の潜り込んで、湖水の縦の循環を盛んにするので、琵琶湖の水質改善にも生きものにとってもよい影響を及ぼすに違いない。琵琶湖の水がめを頼りに生活している千四百万の京阪神の人々に喜んでもらえるだろう。

しかし、雪国に生活している者にとっては、雪の少ない年はむしろありがたいと思うし、地球温暖化は暖かくて雪が少なくなるだろうから歓迎ということになる。湖北と湖南では雪に対する思いにかなりの隔たりがあることが分かる。

もっとも、「雪が解けて春になる」のを待つ気持ちは北も南も同じである。

鷲よ鷹よ、元気で渡れ！

鷲、鷹が渡って行く。東から西へ。高い高い空を。あるときはゆっくり旋回をくり返し、気流が整うと思い出したように滑翔しはじめる。山頂に立って双眼鏡でタカを追う。白い雲の下を通るときは頭・翼・尾の形がはっきり見えて種類の特色を把むことができる。青い秋空を飛ぶときは海の中を泳いでいるように感じられる。山の緑の上を滑翔するときはうっかりしていると見失う。搏翔・滑翔・帆翔どの姿も野鳥の王者にふさわしい美しさである。

大津の岩間寺山頂ではほとんどがサシバであった。賤ヶ岳山頂ではハチクマが多くオオタカも混じっていたがサシバは一羽も見なかった。午後の帰り路、家内と奥びわ湖の月出へ廻ったら、低空をキンミーキンミーと鳴いているサシバに出合い、手をあげて別れを告げた。青いみかんと白サギの美しい月出であった。

県内のワシタカの渡りのコースは二つある。一つは賤ヶ岳上空を通って中国山脈に向かうコース、もう一つは湖南アルプスを通って四国・九州へ向かうコースである。毎年九月下旬から十月中旬の早朝から午前中にかけて渡る。渡るワシ、タカを数えるとその年に国内で繁殖したワシ、タカの様子がよく分かるのである。伊良湖岬や、佐多岬はワシ、タカの集結地として有名である。数万羽のワシ、タカが大集合して沖縄を伝ってインドシナ方面へ移動する。バードウオッチャーたちも集合してワシ、タカに別れを告げる。私はまだ岬へは行っていないが一度行きたいものだと思っている。

他人が見れば何でワシ、タカに別れを告げに人が岬に集まるのか理解に苦しまれるかも知れない。県内にも一年のうち百日ほど山に入ってワシ、タカの営巣、産卵、育雛を見守っている人がいる。ワシ、タカは人為的影響で繁殖が阻害されるからである。そんな人たちは元気に育ったワシ、タ

イヌワシ

イヌワシは巨大な猛禽である。山岳の生態系の頂点に立つ山の王者だ。しかしその数が少なく絶滅の心配さえある。場所を問わない天然記念物、特殊鳥類に指定されているのもそのためである。イヌワシの調査、研究、保護のために全国的な組織がある。県野鳥の会でも、若い人が中心になってイヌワシの保護のために１年のうち100日くらい山に入っているグループがあり、全国ワシタカ研究のリーダー役を果たしている。

しかしそのグループの人たちはイヌワシを詳しく語ったり書いたりしない。イヌワシを守るために、その生息域を極秘にしなければならないからだ。私はイヌワシについて無知だが、あえて自然保護の立場から登場させることにした。写真のイヌワシもワシタカ研究グループの１人から頂いたものである。

ワシとは「輪《わ》過《す》ぎ」の意といわれ、輪を描いて空中を飛ぶことからきている。“輪志”であるともいわれ「志」は「為《な》す」ことを意味している。

一方、タカは「猛《たけき》」とか「高」といわれるが、ワシとタカの区別は定かではない。分類上ではワシタカ科である。

イヌワシは、鳴き声が“カッカッ”と犬のように聞こえるためであろうか。また猟犬のように獲物を捕らえるからであろうか。ノウサギ、ムササビ、アオダイショウなどを上空から翼をすぼめて急降下、鋭い爪でわしづかみにしてさらって行く。

イヌワシ研究グループの人たちの話によると上空から数百メートル垂直に降下して同じワシタカ科のトビを空中で捕まえることもあるそうで、その光景は筆舌に尽くし難く、自然の圧巻であるという。

イヌワシは高山から低山帯の広い範囲に生息。断崖絶壁の岩棚に営巣し、テリトリー内にいくつかの巣をつくり、そのうちの一つに普通２月ごろ、２個の卵を生む。２羽がふ化するのだが、ひな同士が殺し合いをするので、１羽しか育たないという。厳冬の２月に産卵するのは、ひなを育てるのにひなの餌になるノウサギの子供がたくさん出てくる時期に合わせているためだと考えられる。

イヌワシ（写真／岡田登美男氏）

雌の方が大きく、翼を広げると２m前後になる。翼の幅も広く巨大である。山中で王者の風格に接するとき胸が躍り興奮する。県内にも少数繁殖する留鳥で、21世紀に何としても残さなければならない巨大にして貴重な自然である。

カに別れを告げに遠い岬まで行くのである。「来年も元気で帰ってこいよ」と岬の水ぎわぎりぎりに立って、手を振って見送る。なかには涙ぐんでいる人さえあるという。

別れの悲しみと、再会の喜びは愛情の深さによってきまる。人でもワシ、タカでも同じことである。お互いに別れと再会を大きな感動で迎えられるような日々でありたいと思う。

美しい水は美しい心から

昭和六十三年（一九八八）七月十日、比良山の打見山（一一〇三・六メートル）へ登った。例年比良山の探鳥会は雨でさっぱりだが、この日は、空は青、山は緑、涼風が高原を流れ、下界のむし暑さを忘れさせてくれた。同年六月十三日の霊仙探鳥会は雨の中わずか三人で登った。今回は若い女性も多く楽しさいっぱいの探鳥会であった。

打見山は、春はベニドウダン、五月はタニウツギ、六、七月はアジサイと四季折々の花と香りでいっぱいの山だ。普通のアジサイは豪華に群れて咲き、ヤマアジサイは小さい花のまわりに大きい花びらを持つ装飾花が囲みユーモラスである。コアジサイの淡紫色の小さい花は、「あぁかわいい」と思わず両手で愛したくなるほど可憐で、ツルアジサイは大木によじ登って得意げに高い所から見下ろすように咲く。ヤマボウシの白い花が濃緑の谷間にモンシロチョウの群れのように風になびくように咲くのもこの時期である。

打見山頂から音羽池を経て夫婦滝へ到るコースは、渓流に沿って打見山を両側から囲むコースとなる。西麓の坊村から沢登りする人も多い。渓流の水はどこでも飲めるからのどの乾きの心配はいらない。渓流の水音が狭い緑の谷間にこもるので野鳥の声は聞きにくい。が、ミソサザイのかん高い声がつい目の前のブッシュの中から手にとるように聞こえ、スズメより小さくしっぽをピンと上げた茶色のシルエットをちらっちらっと見せてくれる。あんな小さい体なのに、どうして耳をつんざくような大きい声が出せるのかといつも不思議に思う。

このコースには細い竹筒から実にうまい水が出ているところがある。うっ蒼とした北の山はだ、厚い落葉の堆積の下からそれこそ冷たいうまい水がでてくるのである。オレンジ色のコップが二つ置いてある。一杯、もう

ミソサザイ

野鳥に興味を持ち始めた頃、晩秋の近くの山麓をウォッチングしていたら、チャッチャッ、チャッチャッとあちこちに鳴く鳥に出会った。ウグイス？　と思ったが、数が多く群れているのでよく見ると、ブッシュの下を尾をぴんと上げた茶褐色の鳥がいるではないか。図鑑を開いて調べてみたらミソサザイとあった。確認できた鳥が一種増えて嬉しかった。

小学校の頃、田んぼの上を群れで飛ぶミソサザイに「元気で飛べよミソサザイ」と呼びかけている詩を習ったことがあった。昔はミソサザイが田んぼに群れていたのだと思う。

その後、渓流沿いの山道で梅雨の頃ミソサザイに出会う機会が多くなった。特に志賀町のびわ湖バレイをゴンドラで登り、打見山山頂から汁谷ハイキングコースを下って、夫婦滝まで行く渓流コースはミソサザイの多いところである。スズメよりかなり小さい体をふるわせながら、尾を立ててチリリリと連続して大声で鳴くのである。渓流の瀑音に負けじと鳴き続けるミソサザイのバイタリティに感激してしまう。

日本にはミソサザイ科はミソサザイただ一種である。全長10.5㎝はスズメよりも小さく、メジロ11.5㎝よりもさらに小さい。全身茶褐色で黒い横斑や灰白色の斑点がある。夏は渓流沿いの湿った薄暗い林や崖で巣を造り雛を育てる。冬は低地の山麓まで下りてきてチャッチャッと鳴いている。岩の間、倒木の間や崖の木の根っこの間をせわしく飛び歩き、昆虫やクモを探して食べている。

ミソサザイは奈良時代は、「ささき」とか「さざき」と呼んだようである。ささは小さいこと、きは鳥を示す接尾語であるという。即ち小さい鳥という意味である。江戸時代になってミソサザイと呼ぶようになったという。ミソは溝で、溝にいる小さい鳥という意味になる。

最近山が開発され、渓流沿いに幅広い遊歩道、登山道や車道ができ、ミソサザイの棲家が脅かされている。渓流の名歌手ミソサザイが幻の鳥にならないよう山ぐるみの保護が大切である。

ミソサザイ（写真／岡田登美男氏）

一杯と後に待っている人を気にしながら、口いっぱいにふくむ。おいしいこと、おいしいこと、飲み込んでしまうのが惜しいくらいだ。帰りにはみんな水筒のお茶を捨ててこの水に入れ替える。常連は大きいポリ容器に水を詰めてリュックに背負う。コーヒー、緑茶、水割り、何にしてもうまいのである。この水で体を十分潤して、下ってきた打見山頂へ向けてまた登る。心臓破りの急坂を登りつめた頃、名水は汗水になって流れ、体中の疲労素を出してくれる。心まで洗われたような気がして爽快になる。

ちょうどその日『湖国百選・水』という本が届いた。三島池、天野川が選ばれている。名水ではないが鴨やホタルに親しまれている水として選ばれたのであろう。美しい水は美しい人の心によって保たれる。山東町の水がいつまでも美しく、カモやホタルに愛されるように、美しい心を代々伝えたい。

文化の源は美しい自然

「とっても美しい瑠璃《るり》色をしたスズメくらいの鳥が落ちていたと言って、私の所へ届けて下さいました。調べてみたらルリビタキでした。ハエやクモを捕らえて食べさせているのですが、えさ取りに一日かかってしまいます。何かよい方法はないでしょうか」

電話の向こうで傷ついたルリビタキを手の上に乗せて、何とかして小さい命を救おうとしている友人の真摯《しんし》なまなざしが目に浮かぶ。

そうだ！　もうルリビタキが渡って来ているのだ。私は無性にルリビタキに会いたくなって、翌日いつもの里山へ登った。季節の鳥モズの高鳴きがあちこちから聞こえる以外、他の鳥は沈黙を守っている。山頂の落葉の上に寝ころんでルリビタキを待つことにした。

青い青い空にススキの穂が揺れて雲のように見える。輪を描くトビも、刈り田を白扇が舞うように遊ぶケリすら一声も鳴かない。秋の鳥はほんとうに静かだ。

新幹線の轟音《ごうおん》が北に南にひっきりなしに流れて行く。とある一つの流れの終わるころ、ヒッ、ヒッ、ヒッとルリビタキの地鳴きが聞こえて来るではないか。思わず飛び起きて森の闇の方へ耳を傾ける。この里山を忘れずにルリビタキが帰って来たのだ。青空より青いルリビタキが。

その少し前、私の住む山東町の自然教室の子どもたち、その親や祖父母と、余呉湖と管山寺へ秋のウオッチングに出掛けた。足取りの軽いさわやかな秋晴れの日であった。鳥と違ってわいわいがやがやの一日であった。人はよい環境の中に開放されると心がはずみ、思う存分しゃべりたくなる。これがほんとうに楽しいのだ。

湖上にはカモが渡って来ていた。カワウやカイツブリが鏡のような湖面を破って水に潜る。点から輪へと波紋が広がって行く。くっきり写っている賤ヶ岳の山々がその度にリズミカルに揺れる。青空に向かって真黄に咲いているアキノキリンソウ、小さい丸木舟をつり下げたようなピンクのツリフネソウ、まだ緑濃い山辺に精いっぱい開いて咲いている淡紫のノコンギクや純白のイナカギク、幼い日を思い出させるピンクのコンペイトバナが一面に咲いていていた。秋の花はどうしてこんなに清楚《せいそ》なんだろうか。日本の秋、湖国の秋、私の秋。

「たくさんの花の名前を覚えようとしないで、二つ三つ、しっかり心にしまっておくんだよ。お母さんと楽しんだ秋、おばあさんとはしゃいだ秋、教室の人々と仲よしになった秋、そんな心と一緒にね」と私は子どもたちに話した。

ルリビタキ

1996年（平成8）12月15日、京都府立植物園で滋賀県野鳥の会の探鳥会を開催したときのことである。一つの大きい岩を望遠レンズを構えた人たちが直径10mくらいの円形にぐるっと取り囲んでいた。間もなく一斉にパシャパシャとシャッターの音がした。よく見ると1羽のるり色の鳥が岩の上の餌をすばやく捕らえてはね返るように森に消えた。アッという間の鳥影であった。再び一人の人が岩の上に餌（ミルウォーム）を置きに行く。カメラマンが身構えて待っていると再びるり色の鳥影が岩にはね返って森に消える。その鳥影はルリビタキであった。1999年（平成11）、2月14日、京都御所で探鳥会を開催したときも同じ光景に出会った。

私の家の近くの山麓に美しい鳥が来ているという隣の人の知らせで見に行ったらルリビタキであった。5m近くで隣のおばさんたちと一時間余りルリビタキを楽しんだ。ほんとうに美しい人なつこい鳥である。

ルリビタキはヒタキ科ツグミ亜科の鳥で、全長14.5㎝、スズメと同じ大きさの鳥である。雄は上面が頭から尾まで鮮やかなるり色、腹面は白色で脇は橙色。目がぱっちりと大きく、幅広い尾が印象的である。尾を時々上下にゆっくり振る。雌は全身茶褐色。

北海道、本州、四国の亜高山帯で繁殖し、冬は主に関東以南の低い山や林に下りてくる。よく繁った森を持っている公園や社寺の境内などでも見られる。森の下層で行動し、時々少し明るい林縁に出て来て、低い木の枝に止まって虫やクモを探す。餌を見つけるとすばやく捕らえて枝に戻る。こんな時は案外人が近づいても逃げないし同じ場所に数日間滞留する。

冬場はジョウビタキによく似た声でヒッヒッとよく鳴く。ジョウビタキは家の周りや田んぼでも見かけるが、ルリビタキはせいぜい山麓である。ヒタキというのは火焚《ひたき》の意で、火打ち石をたたく音に鳴き声が似ているからその名があり、ヒタキの仲間でるり色をしているのでルリビタキと呼んでいるようである。

森が開発されたり、山麓が宅地化されたりして、ルリビタキの棲み家と餌場が少なくなりつつあり、希少種になっている。大事にしたい鳥である。

ルリビタキ

文化祭というと展示や演技とふれあうことだとイメージしている人が多い。それも正真正銘の文化祭なんだが。しかし、それらの文化の源を求めていくと美しい自然に行き着くことが多いし、人を楽しませてくれる自然も大切な文化だと思う。そして、そんな自然とふれあう行為も「もう一つの文化祭」ではないだろうか。私は自然教室の人たちと秋を楽しみながらそう思った。

ケリの抱卵を見つけた

昭和五十八年（一九八三）の一年間、ケリの産卵を見つけようと思って入江干拓をどれだけ歩いたことか。しかし、遂に発見できないまま年を越してしまった。ケリは、二十五年くらい前までは、大阪・京都近郊でしか産卵しなかったが、近年湖南の方にもケリの姿が見られるようになった。坂田郡内でケリの姿を初めて見たのは、今から二十五年ほど前の秋であった。もうそろそろこの附近で産卵してもよいのではないかとは思っていた。

その十年後の春、大津からの出張帰りに車で干拓を回った。実は、その年の六月に、ＮＨＫＴＶ「自然のアルバム」で、滋賀県をとりあげることになっているので、担当者から何を撮ればいいかという相談を受けていた。それまで県下の鳥の大方は撮影し終えていたが、カイツブリが撮れていないのに気がついた。それで五月、入江でカイツブリを撮ることに決まった。その下調べも兼ねて訪れたのだ。

賀目山団地の東の方の承水溝で、もう抱卵しているカイツブリを幾組も見つけた。そのとき、ケリケリとけたたましいケリの鳴き声を聞いた。望遠鏡を南に向けてケリを探した。「あっ、ケリが卵を抱いている」首をせわしく動かして警戒している。オスのケリが、鳴きながら巣の回りをせわしく動いている。一人の男の人が一輪車で近くの畑にやってきたからである。ケリは偽傷といって外敵が巣に近づくと、傷をしたような歩き方をしてさかんに鳴き、外敵を巣より遠い所へ誘う習性がある。オスのケリがその偽傷をやっているのである。

ケリの抱卵を見つけて、その日は、一日気が晴ればれして楽しかった。ケリケリケリと鳴くケリに一層の親近感を覚えるようになった。

「ケリよ。ようこそ入江で産卵してくれた。ありがとう」

ケ　リ

水田のあぜ道を歩いていると“ケリ、ケリ、ケリ”という鳴き声にふいをつかれることがある。黙っていたら見つかることがないのにといつも思う。

『大言海』に「鳴ク声ヲ名トス」とあり、まさに声の通りの鳥である。ハトより大きく、足長のチドリの一種である。地上にいると地味で目立たない。鳴き声を追って所在を探す方が早く見つかる。

図鑑などによると局地的な鳥と書かれているが、近年、県内ではどこでも見かけるようになった。水田、干拓地、河岸などかなり繁殖している。

領域占有（縄張り）意識が大変に強いから、縄張りに他の鳥が侵入しようものならカラス、ハト、トビ、タカといわず攻撃をかける。人や犬などでも同じように“ケリ、ケリ”と鳴きたて頭上すれすれまで襲ってくることがある。

抱卵期に入ると雄は高いところで見張り、縄張りに潜入するものがあると雌に合図をする。雌は低い姿勢で巣を離れる。15mぐらい離れると羽を広げ、尾羽を扇のように広げて傷ついたようなふりをする。これを擬傷という。

そして敵を自分の方に引きつけて巣から遠ざけるようにする。ひながいるときは雄も擬傷する。

ひなも擬傷が上手で親から離れるとぐったりと死んだような格好をする。手でさわっても動かない。とにかく本人は真剣だろうが人間から見えればこっけいな鳥である。

全長35㎝、頭から胸は暗青灰色、体の上面は茶褐色、腰と腹は白い。尾も白く先端が黒で、足は黄色で長くスマートである。地上にいると土や枯れ草に似ていて、見つけにくい。飛行している姿は大変美しくよく目立つ。頭と首が暗青色、翼の両端の尾端が黒く、その他が白くて長く、黄色の足が尾からはみ出ている。ゆっくりと翼動しながら“ケリケリ”とけたたましく鳴く。

ケリ

巣は、石を集めた簡単なもので河川敷の車の通るようなところでも見かける。3、4㎝の卵を3、4個産む。卵は灰褐色の地に黒褐色や灰紫色の斑紋がある。

餌は主として昆虫であるが、エビ、カニ、タニシ、ミミズ、カエルなども食べる。県内では冬期も見られる留鳥だが、積雪地帯では冬は暖地へ漂行する。湖岸や湖岸に近い水田などに多い。

幻の鳥ヤマセミを見た

「犬上ダムにオシドリが百十羽来ています」友人からの電話でその日の予定を急に変えて家内と二人で犬上ダムへ走った。百十羽のオシドリなんて県下では考えられないと思った。昼の犬上ダムは静寂そのもので南半分は山陰になっていた。車をダムサイトに止めて、プロミナ（望遠鏡）を担いでダムを一周（約六キロ）することにした。

「ユリカモメが飛んだ」と双眼鏡を覗いていた家内が言った。こんな山中にカモメがいるのは珍しいことだ。もしや、ヤマセミではないか、と私は直感した。野鳥とつき合って三十年、私はまだヤマセミを見たことがないのだ。私にとってヤマセミは渓流の聖者なのである。

湖底からまだ芽の固いハンノ木の梢がヨシのように伸びブッシュをつくっている。突然、眼下の入りくんだせまい水面を真白い鳥が二羽横ぎって、ブッシュに消えた。「ヤマセミだ」思わず叫んだ。白に黒い鹿の子模様のある翼、立派な冠羽が眼底に焼き付いた。ほんの数秒。走って来た家内は見逃した。

ばたばたばた……。グェッグェッと急にハンノ木のブッシュが揺れた。水鳥が水しぶきを残して飛び立ったのだ。オシドリの群れだ。山陰から日なたに出て青い水面を飛ぶオシドリは美しかった。着水したのを数えたら三十二羽であった。朱色のイチョウ羽、紫赤のナポレオン帽の冠羽、きらっと光る小さい目が水面にはっきり映って美しい。またヤマセミがダムの中央を矢のように飛んだ。双眼鏡で追っていくと、日当りの絶好の枝に止まった。ここでダムの魚をねらうのだろうか。プロミナで幻の鳥をじっくりと眺めた。冠羽を見せびらかすように頭を左右に振る。枝が揺れて不安定になるのか翼を時折ひろげてバランスをとる。「ヤマセミ　ありがとう！」と思わず私はつぶやいた。

興奮から醒めてほっとしたら山の冷気が身にしみ、谷間の残雪に身ぶるいした。ダムを回って北側の日当りに出た。時折ヤマセミが飛んだ。オシドリが安心したのかダムの中央で浮寝しはじめた。堤の近くのトンネルの入口でウソ十羽に出逢った。太い口ばしと真赤な喉、美しい鳥だ。まだ固い桜のつぼみをついばんでいた。ウソに別れを告げて車に戻ったのは五時半、犬上ダムの谷間はもう夕方の気配であった。

ヤマセミ

ヤマセミはカワセミの仲間で、体の形はよく似ている。頭が大きく、太くて長いくちばしに特徴がある。頭頂部には大きな冠羽が付いていて、これを立てたりひっこめたりすることができる。カワセミが美しく着飾ったむすめさんなら、ヤマセミは正装した紳士といったところか。

大きさはハトくらいで、全身白と黒の鹿の子斑があり、この白い点模様から別名カノコショウビンとも呼ばれている。

ヤマセミの生息地は山間部の渓流、ダムなどの水辺で、年間通してほぼ同じ縄張り内に住み、主に川魚をとらえて生活する“漁師”。アマゴ、アユ、オイカワなどが主食となっていると考えられる。

繁殖シーズンは春で、４月ごろから愛のディスプレーが始まり、個体は美しくなり動作も活発になる。この時期にはときどき“キャラッ、キャラッ”と大きな声で鳴くことがある。１ペアの縄張りは約４㎞ぐらいといわれている。巣は川土手、山のがけなどの、切り立った土のがけに巣穴を掘る。１mほど奥に広い部屋をつくって巣にし、白色の卵を５、６個産む。ひなは６月下旬ごろ巣立ちする。

県内はヤマセミが生息するのに適当な小、中河川が多く、また川魚も多いことから比較的生息数も多いと考えられてきたが、最近の釣りブームでヤマセミの生息地に多くの釣り人が出入するようになり、ヤマセミの生活が脅かされつつある。今後生息地の保全が必要となるであろう。

ヤマセミ（写真／岡田登美男氏）

自然の音は生涯の友達

「皆さん、これから五分間、森の音を拾ってください」。受講生はだれ言うとなく、目を閉じて森の音探しに聴覚を集中した。

ＮＡＣＳ―Ｊ（日本自然保護協会）が、平成四年（一九九二）オープンした「朽木いきものふれあいの里」で開催した自然観察指導者養成講座の一コマである。定員六十人に対して県内外からの申し込みが殺到し、キャンセル待ちの人が続出した。連日夜半にまでおよぶハードスケジュールの最終ラウンド。一人約二十分の指導者資格認定のための指導実習である。

私の指導する第六班六人の実習テーマは次の通りであった。

一、紅葉しかけた葉の観察
一、森の中の音を拾おう
一、森から空を仰いでみよう
一、樹皮を調べてみよう
一、森の宝探しをしよう
一、森の獣たちの歯痕や爪痕

森の中で秋空や自然音の観察はだれもテーマとして拾われないだろうと思っていた。実は私の指導用の隠しテーマでもあったのだ。

目を閉じると、まず野鳥の声が遠く近く、せせらぎの音がリズムに乗って聞こえてくる。秋風が幾筋も梢を通って行く。カエル、虫、犬の遠吠《ぼ》えが拾える。一枚一枚の落葉が枝に触れてかすかな音を出している。車、飛行機、ブルドーザーの人工音も容赦なく森に入り込んでくる。

五分後、全神経の集中から解放され、「わあっ！」というため息とともに皆は目を開けた。自然音を全身に吸収した喜びの感動であった。

最近、家も役所も車や電車もガラス窓で外界から遮断されてしまった所が多い。テープ、ＴＶやＣＤなど人工音の中での生活が多くなった。昔のように歩いたり自転車に乗ったりすると、季節の音、香り、色彩、肌ざわりを感じて自然の命にふれられるのだが。

私の友人が病床に伏したとき、毎朝待ち切れずに病院の窓を開けて野鳥の声を探したという。スズメ、カラス、トビ、ヒヨドリ、近くの森で鳴くシジュウカラ、カケスの声はまさに病床でのウオッチングであったという。また老人になって足腰が不自由になった友人から、近くで鳴くウグイス、

朽木いきものふれあいの里での
自然教室

ヨタカ、ジョウビタキの声を聞きながら、季節の移り変わりを味わい、一日を楽しんでいるという便りをもらったことがある。

自然音に耳をそばだてることは生きものの本性であり、幼い時から自然音に親しむことは人間の感覚を発達させ、科学や芸術へのきっかけをつかませてくれるに違いない。また生涯にわたって自然に親しませてくれる道しるべでもある。

カケス

茂った針葉樹林を歩くと急にジャッーと濁った鳴き声に出会う。獣かと初めての人はびっくりする。これがカケスだ。樹木に巣をかけるからカケスという名が付いているのだろう。しかし、特にこの鳥だけが木に巣をかけるわけではないのだが。

カケスはカラス科の鳥である。声が悪いのが特徴で、鳥の種類を聞き分けるのには都合がよい。ピーピーと鳴く鳥は多くて、種類を聞き分けるのに熟練を要するからだ。

カケスは全長約33㎝で、ハトとほとんど同じ大きさである。尾が長く、翼を広げて樹間を滑るように飛ぶので大きく見える。カラス科の鳥は黒色が多いが、カケスは声に似合わず美しい色彩をしている。背と腹部は明るい黄褐色、ノドと腰は白い。頭部は白地に黒色の縦長の点紋がある。

谷の中腹の山道を歩いているときに、こちらの山から向こうの山へ谷を渡るカケスを上からゆっくりと眺められることがある。腰の白、尾の黒、翼の中ほどの青、背の黄褐色、頭の白と黒点が谷の緑に映えて美しい。ジャッーと鳴く方向に視線を向けると、一直線に谷を横切るカケスを見ることができる。

秋や春に十数羽の群れでジャージャーと騒ぐこともある。針葉樹を好むので他の野鳥の少ないスギやヒノキの人工林の中でも生活している。鳥の少ない探鳥会でジャーと鳴いてくれるとほっとすることがある。カケスはまた他の鳥の鳴き声をまねるのでも有名。タカやネコのような声も出す。

針葉樹の枝に小枝を集めて巣をかける。４、５月にかけて産卵する。ドングリを足で抑えて実をつついて食べる。カシドリという別名が付いているようにカシの実をよく食べる。またドングリをたくさん飲み込んで、自分の縄張りに持ち込んで蓄える習性がある。雑食性で昆虫、クモ、カエル、トカゲや他の鳥の卵まで狙う。

カケス（写真／岡田登美男氏）

留鳥で日本に多く、どこの山に行っても出会える。秋の終わりには山地から山すそに移動してくる。降雪のとき家の近くに設けた餌台にヒヨドリ、ツグミなどとともに時々訪れる。残りカキを食べにくることもある。

第六章

おじいちゃんからの贈りもの

自然と子どもの橋渡し

平成元年九月二十四日㈰快晴、快風、紫色のツリフネソウ、真白のフジバカマ、真黄のアキノキリンソウが未だ緑深いブナ林に映えて美しかった。セミはもう鳴き止み山は静かだった。「ヤッホーヤッホー」「お母さーん」と孫たちの声が谷間にこだましました。お母さんは四月に紗希が生まれたので留守番。私と家内、息子と一年生の美奈と四歳の政史、三世代で日野の綿向山（一一一〇メートル）に登った。

やがてカヤの茂っている登山道にかかった。鋼のような葉緑が丁度孫たちの柔い頬に当たるのである。大人三人でカヤをかき分けて空間を作りながら孫たちを通らせてゆっくりゆっくり登った。最後の百十段の狭い階段がしんどかったが政史も自力で登頂した。

頂上には小さい祠と石組みの塔があった。空にはトンボがいっぱい飛んでいた。「夕やけこやけの赤とんぼ…」皆で大きい声で歌った。鈴鹿山脈と琵琶湖が前後に見え、日野ダムが光っていた。青空に包まれて、息子の家の弁当と私たちの弁当とをミックスして食べた。「折角登ったんだからゆっくりしていこう」と寝ころんだり、跳びはねたりトンボを追ったり、写真を撮ったり、大声を出したりして楽しさを身にしみ込ませた。

帰り道、ブナ原生林の谷間に湧き出ている金明水を味わった。泥んこ、ずぶぬれ、着替えがなくとも孫たちは平気で冷水と遊んだ。時々一服するのだが孫たちは、木登り、虫探し、泥滑りなどしてじっとしていない。お母さんへの土産だといって、一輪のツリフネソウを美奈は小さい手にしっかり握って放さない。自然は自然に孫たちを鍛え、家族の心を一つにしてくれる。

私は綿向山でタカの渡りを見たかったのだが渡りのコースからはずれていたようだった。ブナ林でヒガラの群れに出会った。季節はずれの囀りが美しかった。ササがおおっている道を小さい鳥影が私たちの前を道案内のようにぴょんぴょんはねて五十メートルばかり見え隠れした。家内はコマドリだと言う、私はウグイスだと言う。帰ってからも議論が続いた。

アパートに五時頃帰ったが孫たちは着替えると「友だちと遊んでくる」といって飛び出して行った。あんな小さい体のどこに大きいエネルギーを

綿向山登山（親、子、孫3代）

秘めているのか、今日は二度びっくりさせられた。

今日は自然の教育力の偉大さを感じた一日だったが、その自然と子どもたちの橋渡しは親の役目だ。論じることも大切だが、やってみて得ることの方が本筋のようだ。

環境教育は幼児から

毎年夏休みになると、孫たちが、三々五々私の家に帰ってくる。一週間ばかり泊まり込む者もいる。平素二人だけで閑古鳥も鳴かない我が家が、孫たちのかん高い歓声と旺盛《おうせい》な食欲で急に活気づく。どの部屋も孫たちの荷物で埋まるし、一人一人の机の上は実験道具や材料でごった返す。すなわち、我が家が孫たちの「夏休みの自由研究」塾になるのだ。

ある年は、五年生の孫娘と一緒に透視度を調べた。川、洗たく・炊事の水、それにジュースの透視度。またこれらを一、三枚のフィルターを通したときの透視度を念入りに調査した。一般に汚れた水は透視度が小さく、フィルターを通すと大きくなることがわかった。しかし、砂糖水や塩水は水道水と同じであり、透視度だけでは水の汚濁は決められないことも分かった。

次の年はその疑問をＣＯＤ（化学的酸素要求量）の測定で解決しようとした。前年と同じように、いろいろの水でやってみた。砂糖水はどんどん薄めても、ＣＯＤパックテストの測定限界一〇〇ppmを切らなかった。塩水は濃くしてもCODはいつも0であった。生活雑排水とかかわって孫はいろいろ発見的感動体験をしたが、また多くの疑問も残した。

三年生の孫は、学習雑誌に酸性雨の試薬が付いてきたので、酸性雨を調べることにした。しかし、その年の夏は待てど暮らせど雨は降らなかった。ただ一回だけ春雨のような夕立が通っただけであった。早速酸度（PH）を調べたら五・四であった。そこでいろいろな水や果汁のPHを調べたり、酢をどれくらい薄めたらPH五・四になるかなど調べた。果汁は試薬の測定範囲をオーバーするのでついにPH計で測定した。

酸性雨のことが孫たちにもおぼろげながら分かったようで嬉《うれ》しかった。

中学生の孫は私の書棚から伊藤和明著『自然とつきあい』という本を探し出し、読書感想文兼自由研究にすると言って読み出した。のちにこの感想文がクラスの代表に選ばれたという電話があった。トンボ、魚、貝などを調べた孫もいた。

私たち現在の大人は、うっかりすると環境保全に反する行為をしてしまうことがある。それは環境倫理が身についていないからである。環境の時代といわれる二十一世紀に活動する今の子どもたちは、思わず知らずのう

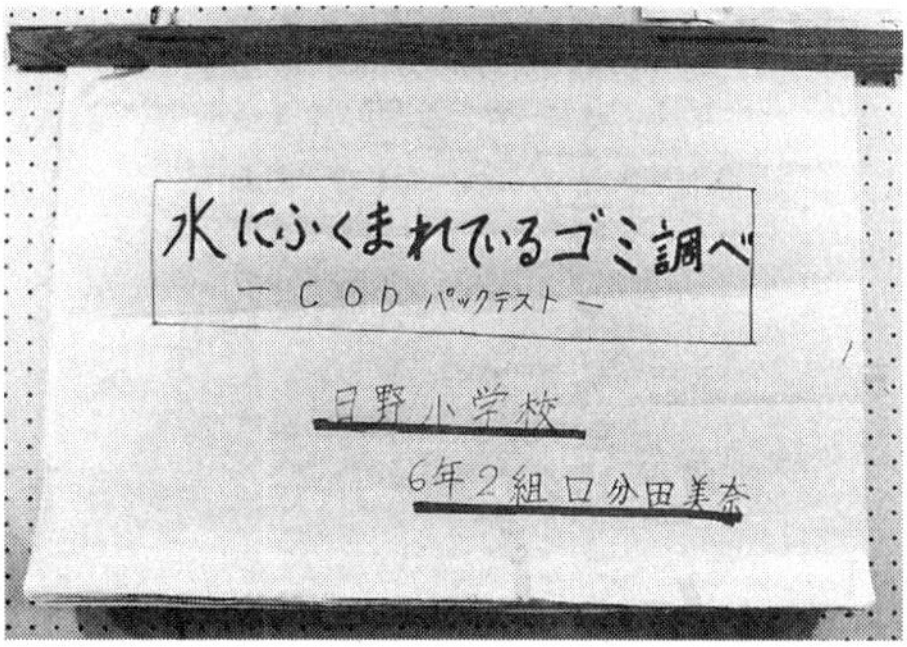

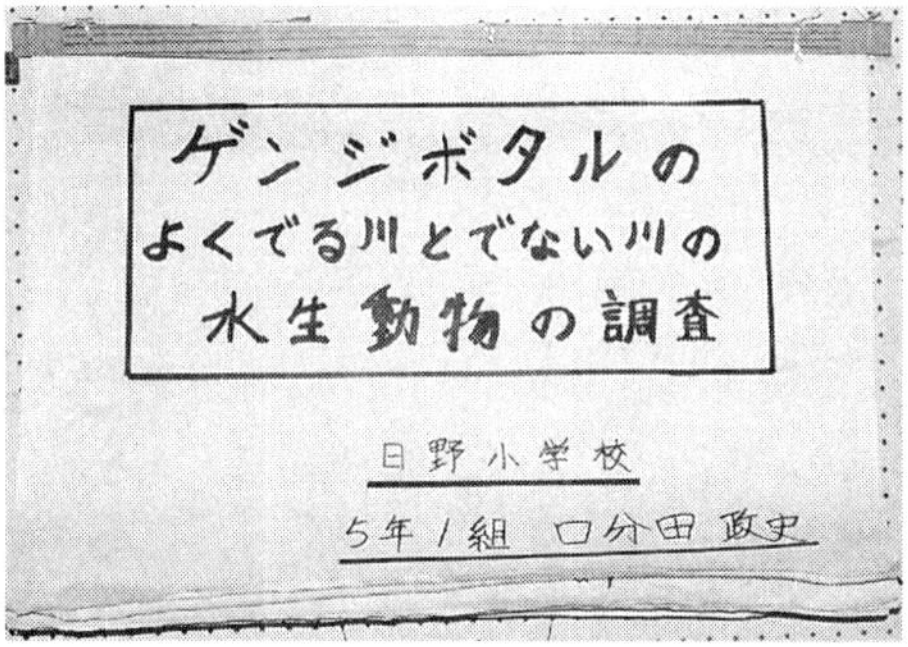

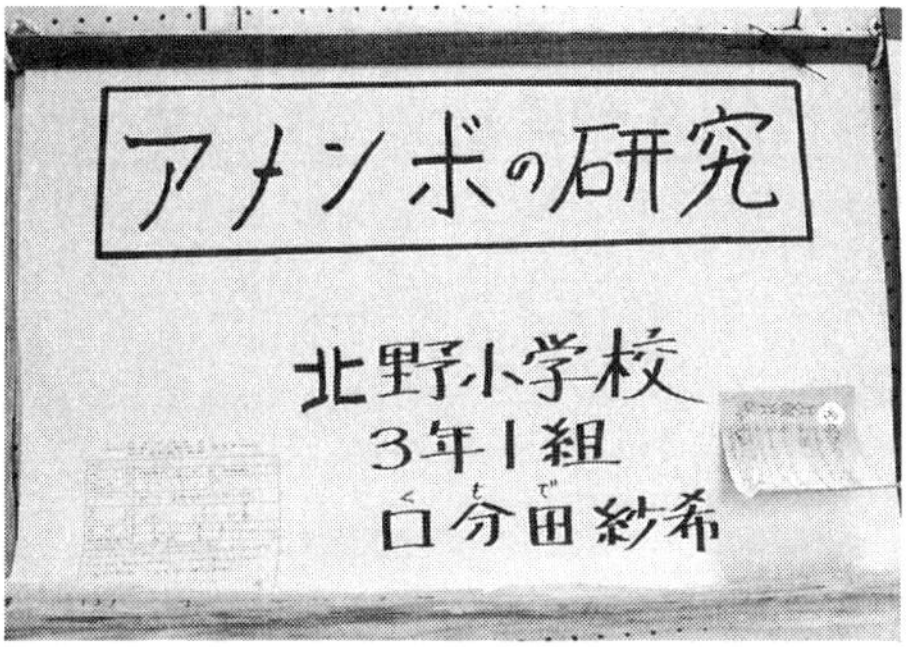

ちに正しい環境行動ができなくてはならないのだ。現在の悪化しつつある地球環境を救う道は、人間の行為の規制しかないのである。そのためには幼児からの環境体験の積み重ねが大切なのである。

そんな思いで私は今年も孫たちと一緒に環境問題に取り組んだ。ささやかなおじいちゃんの孫たちへの贈りものである。

孫たちの心に残ったふるさと

夏休みの期間、思う存分に自然とともに生活する孫たちには、日常生活の中でも次第に、自然とのふれあいを楽しむ子供へと成長してきたことは、私にとっては嬉しいことで、夏休みの生活の様子や、日常生活の中での自然に対する思いを次のように語っています。

日野の十年

日野小六年　口分田　政　史

ぼくたちが、日野に引っこしてきてから、まる九年、十年目がやってこようとしています。京都で二歳まで、すごしたぼくは、そのころミニカー集めに夢中だったそうで、今も木箱の中には、ミニカーがぎっしりつまっています。子供を外で遊ばせるためには、わざわざ公園まで連れていかないといけなかったということで、都会は大変だと思います。それがこの日野町へ引っこしてきて、ぼくの興味は一転しました。

ミニカーの木箱は、日野へ来てから一度も開けられることはありませんでした。三歳になったぼくはまず、おもちゃのバケツにダンゴ虫をいっぱい集めては、お母さんに見せて喜んでいたそうです。その、うじゃうじゃのダンゴ虫、目をとじれば今も浮かんでくると、お母さんは言います。住まいのまわりはみんな田んぼで、すぐ手をのばせばおたまじゃくしがたくさん取れました。これもバケツいっぱい取ってきて、そのうち手足がのびて、バケツの中でカエルになっていったり、また土をほれば、幼虫がうじゃうじゃでてきたりしました。五歳くらいのぼくは、カブトやクワガタの幼虫だとさわいでいましたが、コガネ虫の幼虫でした。これも今思えばかわいそうなのに、いっぱい取ってきていました。また、その他の虫もこの調子でいろいろ取ってくるので、お母さんは、種類別に入れる虫かごを二十個くらい用意していました。大カマキリのお腹の大きいメスが、虫かごの中でタマゴを産み、そのタマゴがかえってベランダに、赤ちゃんカマキリがうじゃうじゃなんてこともありました。モンシロチョウのタマゴをとってきて青虫になり、キャベツがおいつかないほど、よく食べてあちこち、サナギになって、飛び立って行ったこともありました。ヤドリバチにあんなにやられているなんて、虫の世界も大変なんだな、とびっくりしました。アゲハチョウの幼虫はみごとだけどくさかったなあ。まだまだ、いろんな虫取りの思い出はありますが、ぼくが一番心に残っているのは、小学校二年生ごろのカメつかみです。わたむきホールの裏の川に大きなカメを見つけました。八歳くらいのぼくにとっては、そのカメの大きさは、うらしま太郎にでてくるような大ガメに思えました。次の日からカメ探しに目がかがやき、手の甲くらいのカメを見つけてカメ吉と名付け、一年間くらい飼ったこともあります。冬眠の仕方や飼い方を本などで調べ、冬の間、さわりたくてもむずむずしながら見守り、春、元気にしてた時はうれしかったです。愛情もわき、自然へ返してやる時はいつまでも見送りました。今でもあのカメ吉、元気にしてるかな、と思います。

その虫たちの住みかは、この十年でめざましく減っていきました。田んぼにはパチンコ屋、駐車場、会社建設など空地は、どんどんコンクリートに変わっていきました。川も汚れてしまい、カメの姿はありません。幼いころに自然あふれるこの日野で、おもいっきり遊べて、ぼくの思い出は身体中に覚えています。でも今では自然はどんどん減っていき、探し求めていかなくてはならないものになってきました。自然は自然にあるもので、あたえられたり、苦労して手に入れるものではないと思います。これから先、ぼくがどこへ行っても、日野町はぼくのふるさとです。今、この日野町に空港問題がでています。活気づいてくるだろうな、と思う反面、うるさくなるのかな、など複雑な気持ちがします。ぼくたちが住みやすい町だけではなく、虫たちも住みやすい町にしていきたいな、とぼくは思うのです。本や図かんでみる虫よりも、一つ一つ思い出のあるかかわり方《かた》をした方《ほう》が、心に残ります。自然のたっぷりある日野町、いつまでもぼくのほこりにしたいです。

（平成九年度日野町青少年育成大会に発表）

おじいちゃんといっしょ

四年　口分田　紗　希

私は、毎年、自然のあふれている山東町のおじいちゃんのところで夏休みの自由研究をします。お父さん、お母さんからはなれて、おじいちゃん、おばあちゃんの家で生活しながら研究します。初めは、心細かったけど、研究をしているうち、そんなことは忘れてしまいます。私の研究の先生は、おじいちゃんです。去年はアメンボ、今年はヒメタニシと友達になりました。近くの川に入って水生動物と仲良しになります。研究していくうちに仲良くなっていき楽しいです。私のおじいちゃんは、いつもこの山東町で、水生動物などといっしょなので、もっと仲良しさんです。何でもよく知っています。私達といっしょに自由研究をしてくれて色々教えてくれます。私は、毎年、この時期がくるのが待ち遠しくて、今年は、なにと仲良しになれるかな、と楽しみにしています。私のお兄ちゃん、お姉ちゃんも、おじいちゃんと自由研究をしました。妹も、今から楽しみにしています。

「おじいちゃん、これからも、たくさんの生き物と、友達になれるように、いろんなこと教えてね。いっしょに川に入って研究しようね。」

（平成十一年夏休み作文より）

二十世紀の贈り物を二十一世紀へ

古代は歴史や文化を伝えるには言葉で語り継ぐしかなかった。いわゆる語り部の存在である。現在でも多くの民話をはじめ隠れた伝統文化が語り継がれ、ふるさとの心を暖かく伝えている。

漢字が中国から伝来して、ようやく文字で歴史や文化が伝えられるようになり、急激に文化が発展するようになった。古事記（七一二）は文字で表現された最古の日本の歴史書である。文字が伝来してからは文字や図絵で歴史、文化、自然が後世に分かり易く伝えられ、表現も豊かになり複雑な心情まで伝えられるようになった。最近私の町（滋賀県山東町）で「はつらつ道中　中山道」の会ができ、中山道を柏原宿から江戸へ向かって歩いている。平成十一年の秋にはようやく碓氷峠を越え上州路に入った。このとき広重の「木曽海道六拾九次」の浮世絵が当時の自然、文化、風俗を的確に伝え、現代にも生きていることを実感した。

次に写真の渡来（一八四一）によって自然、社会、文化、人物等が正確に伝えられるようになった。さらに活動写真の輸入（一八九六）は動きをそのまま表現・伝達することができるようになった。現代はビデオの技術が進み、誰でも、何でも、何処でも、何時でも動きのある現象を詳細に記録保存し後世に伝えることができるようになった。

このように科学技術の発達によって古来からの人と人とのふれあいを基本とした語り部的伝達方法は不用になったかというと、私は決してそうではないと考える。音響映像技術の発達は人と人、親と子、先生と子ども、人と自然や社会との直接的ふれあいの機会を著しく減少させてしまった。その結果、お互いの思いやり、助け合い、認め合いの心が育たず自己中心的な社会になりつつある。争い、いじめ、不登校、汚職、談合、殺人などが増加する原因になっていると思う。

現在私は三島池ビジターセンター（滋賀県山東町）で来館者に三島池の歴史や水鳥、蛍等の話をしている。一日に続けて四～五回説明すると疲れるので、説明をテープに録音しそれに合わせてスライドを動かすことがある。しかし私が肉声で、来館者の年齢や性別、団体の特性に合わせて説明すると最後に必ず拍手が起きる。テープだけでは拍手は起こらない。肉声は相手との心のふれあいが知らず知らずのうちにできるからであろう。人が直接語り聞かせることは音響映像技術が発達しても何にも替え難い伝達方法である。

人と自然との直接ふれあいの減少は環境破壊や水質汚濁、地球規模の環境問題にまで拡大してしまった。自然の水を飲み自然物を食べ、自然物を燃料にしていた自然密着型の生活では自然の恩恵に感謝し自然愛護の心を失わなかった。しかし生活技術の進歩によって水道、ガス、電気、電波、道路の発達は人を自然から遠ざけてしまった。いわゆるライフライン型の生活である。このまま進めば自然も人も危ない状況になってしまう。今こそ人と自然、人といのちの共生のあり方を考え実践しなくてはならない時になってきた。

現在教育改革が進行中であるのに、すでに次の教育改革がスタートし始めた。世の中の変動が早いので、次の教育改革が現行の教育改革を追い越して、二つの教育改革が一度に大きい波になって教育現場に押し寄せて来ている。その波の柱は「具体的な活動や体験を通して、豊かな心と生きる力の育成」である。現行の教育改革の目だまになったのは小学校低学年の

「生活科」の新設である。生活科を軸として、具体的な活動や体験を通して身近な自然、社会、人々と直接ふれあって豊かな心と生きる力の基本を身につけさせようとするものである。次の二十一世紀に向けての教育改革の目だまは「総合学習の時間」の新設である。総合学習は生活科の延長線上にあって、一人一人の児童生徒が個性に応じたテーマを見つけ一つのまとまった成果を生み出させようとするものである。そのことによって個性の伸長、創造力の涵養、成就感を体験させ、ひいてはふるさとの自然・文化・福祉・人権・国際化等の向上を図ろうとするものである。

今まで述べてきた二十一世紀に向けての教育は心の直接ふれあいや自然・社会等との直接ふれあいが基本になる。語り部的なふれあい、自然密着型の生活の一部の取り入れなどが具体的な方法と言える。それらの教育の主役は誰であろうか。学校の先生や生涯学習の講師をはじめ地域全体がその主役にならなければ成果は見えてこないであろう。特に現六十歳以上の祖父母は主役の主役にならなければならないと思っている。なぜなら六十歳以上の祖父母は自然密着型の生活を長く体験しているからである。戦後の苦しい生活を乗り越えて伝統文化を守ってきた力を持っているからである。戦後生まれた私たちの子どもたちも幼少時代に苦しい生活を強いられてはきたが、あくまで父母の傘の下での生活で主体的な対応については不十分な面があるからである。

孫たちは生まれてこの方、ライフラインの便利な生活、豊かな物資に囲まれ、飽食の生活を送ってきている。幸せな人生といえるが、その反面、豊かな心や生きる力が育っていない。そこで孫たちの父母と共に祖父母も孫たちの教育に積極的にかかわっていくことが大切であると思う。先に述べた生活科や総合学習の指導の中で、老人や地域の人々の指導を積極的に取り入れることを文部省は提案している。特に二十一世紀半ばまでには消えてしまう現在の熟年の者はその体験を生かして、生きる力や豊かな心、自然へのかかわり方などを「孫たちへの贈り物」としてしっかり託しておく必要がある。

では贈り物を授けるにはどんな方法があるであろうか。その内容と課題も含めて思いつくままに列挙してみよう。

一　ふるさととの伝統的文化、民話、風俗、習慣や行事などを事あるごとに話し聞かせ、語り部としての役割を果たすことである。

二　生活科や総合学習などに講師として要請されれば積極的に学校に出向いて孫たちの指導に当たることである。

三　昔の遊びを再現して、孫たちと共に玩具《がんぐ》を作成したり遊んだりしてみることである。

四　近所の人たちと力を合わせて生きてきた昔の生活を、ふるさとの暖かい心として受け継がせることである。

五　戦争中の話をして、戦争は多くの人々に迷惑をかけたり苦しめたりすることであるので二度と戦争をしないことを特に話すべきであると思う。

六　日記や本などに昔の生活のようすや自然のことなどを書き残しておくこともよい方法である。

七　自分が子どもの頃に家・学校・地域で遊んだことを思い出して孫に話したり、記録したりしておくことである。

八　子や孫たちと共に自然の中で楽しく遊んだり、田畑や山で共に働いたりすることである。

九　子や孫たちと共に社会の調査や自然の研究などを行って、昔と今の違いや今後どうすればよいかについて考えることである。

十　食べることは特に印象が大きいので、伝統的な食べものを作って家の味、おふくろの味、ふるさとの味を体験させることである。

十一　昔山で兎狩りしたり川で魚や貝をとって食べたり、川の水を大切にしたことなどを今と比べて体験的にとらえさせることである。

このように取りあげて見ると、孫たちへ贈る内容や方法はまだまだ多くあることに気づく。しかし贈ることができる期間はもう短い。「孫たちには孫たちの時代の生活があるから、そうやかましく言わんでもよいじゃないか」と言う人もいるだろう。しかしこれでは人間の歴史、地球の歴史の一コマを受け継いだ者としては無責任である。我々が祖父母、親、地域から受け継いだ人や自然の掟を後世にしっかり送り届けておかなければならない。

二十一世紀への橋渡しの主役は子や孫たちである。二十二世紀への橋渡しは孫たちの孫が主役である。孫たちが孫たちの孫へ

「私のおじいちゃんはこんなことをしていたよ。こんなことを言っていたよ」

「私のおばあちゃんはこんなごちそうを食べさせてくれたよ。このごちそうはうちの家の伝統的なお正月のごちそうだよ。おばあちゃんも前のおば

あちゃんから受け継いだと言っていたよ」

孫たちが孫たちの孫へこんな話をしてくれるように孫たちへ二十世紀の贈り物を届けなければならない。私は祖父母を全く知らない。早く他界してしまったからである。そのため祖父母からの贈り物をもらっていないし、うっかりしている中に父母から祖父母の伝言を聞きもらしてしまった。今になって後悔頻りである。だから余計に孫たちへの贈り物を強く感じているのかも知れない。

この私の孫たちへの贈り届けを垣間見ている私の子どもたちも、自分の子や孫たちへ二十一世紀の贈り物をしっかり届けるだろう。

そんな期待と願いを込めて、私はこのエッセイ集を子や孫たちに贈ることにする。

あとがき

いよいよ二千年を迎えることになった。感無量である。若い頃、遙か二千年を遠望し、二千年に生きるためにはどうしても七十歳を越えなければならないと溜息をついていたのを覚えている。しかし長寿社会が到来し、あきらめていた二千年が今ここに生きている我と共にあり、しかも元気に筆を執っている現実に、我を疑うほど感激し、感謝に涙を流さんばかりである。

戦前は案外豊かで楽しい幼児期・学童期を与えられた。戦中は中学生として厳しい訓練に明け暮れたが、戦争に勝ち抜く気概に支えられて生きて来た。わずか半年足らずではあったが職業軍人を目ざして海軍兵学校で文武の学問と訓練を受けた。こんな人生の過程の中での敗戦は茫然自失以外の何ものでもなかった。

戦後ようやく立ち直り、家庭の再建も背負って教師の道を歩み始めた。家内や三人の子どもたちは貧しいながらも生きる大きな支えであった。

学校においては、幼少の時から大好きであった自然、中でも生きもの調査や研究に没頭した。この間、私を支援、激励していただいた先輩の方々、特に滋賀大学の林一正先生（故人）、奈良女子大学の津田松苗先生（故人）からは決定的な私の生きる道をご教示いただいた。

その教師人生の中で総計三十一年在籍した山東町立大東中学校、四年在籍した米原町立入江小学校、二年在籍した山東町立東小学校と伊吹町立伊吹山中学校。いずれの学校においてもふるさとの自然にふれあい、楽しい活動、調査、研究を行った。この楽しい実のある教師生活の余韻が、退職後も長く続くことになる。

滋賀文教短期大学講師（非常勤）として早十年。自然、環境を中心とした講義や実習を楽しくやっている。また地域と結びついた「鴨と蛍の里づくりグループ」も結成して十一年。在職中に結成した「滋賀県野鳥の会」は結成以来三十年有余。退職後こんなに熱中でき、しかも楽しい世界があるとは考えてもいなかった。特に退職後ご支援いただいた滋賀文化短期大学学長小林圭介先生に感謝致します。

ふと我に省ってみるともう二千年の中に生き、齢も七十を越してしまっていた。

「人生このままでよいのだろうか」自問自答してみる。

「まだ次の世代に贈る仕事、まとめができていないぞ」

戦前、戦中、戦後の激動の時代を生き抜いた人間がだんだん少なくなっている。この人間たちが次の世代に贈るべきものは「平和と美しいふるさと」だと私は思った。

幸いに中日新聞はじめ各所に書き綴った私の拙文を保存してある。また生徒たちや後年私の子や孫たちとふるさととの自然にふれあった記録も多く残してある。

当時は紆余曲折の歩みであったが五十年も経過してみると案外真っ直ぐな道に見えるのが不思議である。その道は私の場合自然保護、環境保全の道である。この道の延長・建設を次世代の人に頼もう。子や孫たちに頼もうと考えた。

最近の孫たちの作文を取り寄せて読んでみると、必ずと言っていいほど「おじいちゃんの……」「祖父の……」という表現があるではないか。このことはさらに私のこの企画を勇気づけてくれた。

今までのエッセイを冊子にしたいと「長浜みーな」の編集長小西光代さんに話したら、すぐサンライズ印刷社長の岩根順子氏に話してくれた。

すぐさま社長からOKの返事をいただき、驚喜して夜も眠れないくらいであった。

さて取り掛かってみると今まで出版した野鳥や水生昆虫の本は客観的な記述がほとんどで、配列も一定の法則で順序づければよかった。しかし今回は私自身の感性の表現が大部分である。しっかりした信念の下に書き綴った一連の内容ではない。時に応じ、思いに応じて書いたエッセイの集録である。

この辺りをご理解いただいてお読みいただき、ご意見、ご指導をいただければ無上の喜びである。

口分田　政　博　くもで　まさひろ

1928年生まれ。'61読売新聞社賞受賞（科学教育）、'69滋賀県野鳥の会創設（現在会長）、'84日本鳥類保護連盟総裁（常陸宮）賞受賞、'88文部大臣賞受賞、'89鴨と蛍の里づくりグループ結成。現在、滋賀県文化財保護審議会委員、その他環境関係の嘱託多数。滋賀文教短大非常勤講師。

おじいちゃんからの贈り物
―美しい湖国の自然を22世紀へ―

平成12年7月20日　発行

著　者　**口分田　政　博**
滋賀県坂田郡山東町志賀谷1532
TEL 0749-55-0804

発行所　**サンライズ出版**
滋賀県彦根市鳥居本町655-1　〒522-0004
TEL 0749-22-0627　振替01080-9-61946

印　刷　**サンライズ印刷株式会社**

ISBN 4-88325-074-1 C0045